U0158166

生命的逆袭

[日]福冈伸一 著

袁斌 涂佩 译

生物学家眼中的生命奥秘

Shin-Ichi Fukuoka

上海三联书店

目录

第一章
昆虫少年的目光

从昆虫身上学到的一切 3

在图书馆与《世界蝴蝶图鉴》一同旅行 7

天气晴朗的日子里，带上网兜去捕蝶 11

《杜利特医生航海记》和《小猎犬号航海记》 15

对大自然的不平凡而怦然心动 19

前往观赏《戴珍珠耳环的少女》 24

当科学遇上艺术 28

画家维米尔与暗盒 32

来自水上城市威尼斯的智慧 36

生物学家们从显微镜下看到了什么？ 40

第二章

探索之心

这个世界充满了未知 47

大蓝闪蝶的翅膀为什么是蓝色的？ 51

生物学家，到河边钓鱼去吧。 56

从碎片中窥探世界 61

手冢治虫少年时代的小宇宙 65

萤火虫需要走很长很长的路，才会发光 70

昆虫为何喜欢光线？ 74

漩涡的形状中隐藏着自然界的共通原理 78

恐龙的尾巴是条纹图案 82

永不满足的探索之心，为我们带来新的发现 86

单细胞生物也会死吗？ 90

螳螂——一种超现实主义的生物 94

金凤蝶的幼虫身上究竟发生了些什么 98

生命在静静守候逆袭的机会 102

第三章

♀的优越♂的忧郁

亚当从夏娃而来 109

可悲的雄性的存在理由 113

蜗牛巧妙的性生活 117

繁衍太多的生物的逆向发明——药 121

女性到底还是在讴歌长寿 125

第四章

生命的秩序和混沌

何等强大的六角恐龙 131

我们对大象有亲近感的理由 135

海鱼获得淡水的方法 139

肝刺身颜色的真面目 143

肝脏是脏器中的大家长 147

珍珠诞生的精妙顺序 151

魔芋的冷静和宽容 155

蚊子非常精致的饮食 159

让一动不动的蜥蜴看过来的诀窍 163

iPS 细胞是"寻找自我"的年轻人 167

iPS 细胞会适应新的工作场所吗 171

我们见不到鼹鼠尸体的原因 175

露天温泉里的猴子起身的时候不会冷吗 179

角蛋白比聚氨酯了不起 183

皮氏培养皿内培养的细胞的使用说明书 187

第五章
人类这种令人头疼的生物

300 年后的金环日食发生时，那时的日本人是怎样的？ 193

肝脏在饮酒后想要"收场" 197

去看看丰富多彩的两界相交处吧 200

可怜的水獭 204

羊是被人类创造出来的 208

长寿因子是长生不老的基因吗 212

长寿因子狂骚曲的终焉 216

尼安德特人和智人的人种问题 220

"生下小体格婴儿，养成大体格孩子"是错误观念 224

羡慕绳文人的慢节奏生活 228

蜜蜂大量失踪所诉说的信息 232

后 记 236

第一章

昆虫少年的目光

从昆虫身上学到的一切

　　坐在电车里摇摇晃晃，我刚要开始走神的时候，突然发现一位美女一直站在我的面前。她身着红色的外套，搭配淡蓝色的围巾和蓝色的鞋子，这些东西看起来都不廉价。不论在谁看来，都会觉得她对时尚很是精通，穿着打扮也是十分靓丽的吧，其实我刚看到她时，也是这么想的。可是在我心底，还是残存着一丝异样的感觉，总觉得哪里不对。

　　有一次，我随手翻阅杂志，迅速浏览着内容，突然瞥见了一张燕尾蝶化茧成蝶的照片。世上再没有比它蜕变成蝴蝶这一刻更加绚烂的瞬间了！不久之前还是毛毛虫的它，变化成为一个有着坚硬外壳的茧，它在这个茧之中完成了华丽的蜕变。最后，燕尾蝶从茧的背后破茧而出。最初，它摆动着还有些湿润的身体，不久之后，便用细细的脚往下蹬着如今变成了空壳的茧，支撑住身体，开始伸出它那对漂亮的翅膀。翅膀里的每一根翅脉都注满力量，逐渐扩张开来，奶油色的底色上描绘着黑色的线条和蓝色、红色的斑点。后翅的前端像燕子的尾巴一样尖尖地伸展出来，触角描画出了一道优雅的弧线。以上所描绘的瞬间，被杂志上的这张照片给捕捉了下来。

我仿佛正在用一个大大的圆杯，去品味白兰地酒，那是一种无法用语言描述出来的、从鼻尖贯通眼睛的陶醉感。

在成为生物学家之前，我曾经是一个酷爱昆虫的"昆虫少年"。人总是会从很小很小的时候，就能看出自己的兴趣点在哪里，有的孩子喜欢生物一类的活物，而有的孩子则倾向于电车或者机器人一类的机械系。

而我从很小的时候，就被蝴蝶的色彩斑斓，以及甲壳虫的硬壳和光泽所深深吸引。我曾带着捕虫的网兜追逐蝴蝶；夜幕降临，带着手电筒去探寻树液中的虫子；我还在阳台养过蝴蝶的幼虫……这些都是我小时候热衷的事情。我总是一心一意地，追寻着自己的这个爱好。

那张燕尾蝶的照片，也唤起了我这一番时隔久远的回忆。

小林秀雄[1]曾讲过一句很经典的话："美丽之花可寻，而花之美无影。"我一直都不太懂得其中的深意。

倒不如说，我的理解是另一番样子。我认为世上没有完美的蝴蝶，却有着蝴蝶般的美丽。这种蝴蝶的美，就仿佛挥发出香气的白兰地一样，仅仅存在于我的脑海之中。

其实说起来，蝴蝶本身的眼睛构造与人类完全不一样，且人类不是复眼结构。在我们看来，蝴蝶色彩斑斓，但是在其他蝴蝶看来，却绝对不是这样子的，

---

1. 小林秀雄（1902—1983）：日本作家、文艺评论家。

应该说，在它们的眼睛里甚至都看不到颜色，也许它们的眼里，只是模模糊糊的黑白世界。所以，觉得蝴蝶很漂亮、颜色很鲜艳，这些都只是发生在我们人类脑海中的活动。

我再次想到电车里那位美女，总算找到了心中那一丝异样的源头：其实说来也很简单，假如用蝴蝶来类比，即使你身体的每一个部分的颜色都非常漂亮，但是这些颜色组合在一起之后的搭配，在自然界中是绝对不存在的。

当然，这不过是我个人的想法罢了。这是我从孩童时代便被输入的审美意识，并深深印刻在我的脑海里，不会被改变。我之所以觉得约翰内斯·维米尔[1]和波洛克[2]的作品很有趣味，也是因为他们在作品中所使用的色调和配色，与大自然实现了匹配的缘故。

总之，我人生里重要的一切观念，都是昆虫教给我的。

---

1. 约翰内斯·维米尔（1632—1675）：荷兰风俗画家，代表作《戴珍珠耳环的少女》等。
2. 杰克逊·波洛克（1912—1956）：美国抽象表现主义绘画大师。

在图书馆与《世界蝴蝶图鉴》一同旅行

　　儿时的我是一个昆虫少年，那时有一本书堪称是我的圣经——那便是北隆馆出版的《世界蝴蝶图鉴》。当我还是一个小学生时，某天，我到公立图书馆去，偶然间便与这本豪华无比的大型图鉴相遇了。在这本图鉴中，网罗了世界上的各种蝴蝶，还原了蝴蝶的原色，一比一对应原始的尺寸大小，那可是一个还没有互联网的时代呢！当我发现未知的世界里有着如此美丽的蝴蝶，我感到了惊奇和震撼。闪烁着金属蓝色光泽的大蓝闪蝶、仿佛映照出非洲红土地色彩的长袖凤蝶以及喜马拉雅山脉间的红翅燕尾蝶……因为这是一本很贵重的书籍，并且书上贴着"禁止带出"的红色标签，所以它也没有被任何人借出过。而我则每天都到图书馆去，一边惊叹着蝴蝶的美妙，一边跟随着蝴蝶一起环游世界。

所谓的图鉴，便是把这些散落在世界各地的、像宝石一般的蝴蝶一一列举出来，之后给它们命名，并且把它们镶嵌到图鉴的网格之中，由此便做出一个清单。去追寻这样的过程和脚步，给我的心灵带来了无比的喜悦。世上再无其他行为能如此精妙地赞颂造物主的巧妙了。所以，这本书是我名副其实的"圣经"。

在《世界蝴蝶图鉴》的最前面登载的，是亚历山德拉凤蝶，它是东南亚的大型燕尾蝶的成员之一，在东南亚大型燕尾蝶中最具神秘色彩。流线型的翅膀上，蓝色、绿色和褐色完美地交织、配合在一起，即使是艺术家都无法仿效出来。仅仅盯着照片，都会美得让人屏住呼吸，进而头晕目眩。它配得上《世界蝴蝶图鉴》最靠前的位置。

亚历山德拉凤蝶仅生存于新几内亚的高山地带，为它命名的是沃尔特·罗斯柴尔德（1868—1937），他是罗斯柴尔德财阀的一员，虽然有着显贵的身世，却对商业经营毫无兴趣。在别人眼里，他是一个只喜欢生物学的怪人，用现在的话说，他就是一个"宅男"。他有效地利用了自己所持有的资产，用来搜集世界各地的蝴蝶。随后，他不仅仅只停留于昆虫类，也开始涉及鸟类、哺乳动物类，进而进行动物标本的制作。

也就是说，沃尔特完善了对生物的列举和命名的工作。为了给某个生物命名，就需要一个最初的样品，我们把这个称为"完整模型样本"，也叫"类型标本"。目前已经被命名的所有物种下的生物，一定在某处保存着一个与之对应的完整模型样本。仔细想来相当不可思议：某个生物应该在很久之前便已存在，但直到被赋予名字的那一瞬间，这个生物才算是真正浮现在了世人的眼里，所以，作为一个生物名称的证据，我们需要它的第一号"物证"。

曾几何时，我开始期盼自己能够亲眼目睹沃尔特以当时的王妃命名的亚历山德拉凤蝶的完整模型样本。而《世界蝴蝶图鉴》里面也描写着这样的一段轶事：沃尔特雇用了一位叫作米克的职业捕蝶人，米克在一开始的时候，把在树梢上高高飞翔的这种蝴蝶误认成了鸟类，曾经开枪发射子弹将其击落下来。

在我长大之后，这个梦想实现了。沃尔特死后，他数量庞大的收藏品被捐赠给了大英博物馆，我的梦想就在那里得以实现。亚历山德拉凤蝶的标本被放置于展厅的深处，在它的翅膀上，还残留着数发子弹穿过的弹孔。

还有一件事情，是在我长大后才发觉的：与举世闻名的昆虫爱好者——养老孟司、奥本大三郎、今森光彦等等——交谈的时候我都没有错过这个细节，那便是《世界蝴蝶图鉴》坐镇于他们所有人的书房中，而我也一样，我一直十分珍惜自己成人之后购得的这本图鉴。

　　最近只要一有出差和到外地讲座的机会，我便会偷偷地在包里藏起一样东西，那便是便携式的捕虫网。这可是一件非常之卓越的工具！首先，手柄的部分是玻璃纤维材质的，用力一甩便能伸缩，像钓鱼竿那样去旋转式地转动它，竿子就会从其中伸长开来。很棒的是，折叠收缩起来之后，捕虫网只有 30 厘米长。网兜的部分也是可收纳式的，圆形框架是可以折叠的钢材料，当遇到突发情况的时候，可以马上将它整个都打开。网格的部分选用了柔软的尼龙材质，这样就不会损害蝴蝶的翅膀。所以，谁也不会注意到我随身携带着这样的物品，昆虫少年就是要不显眼才好，毕竟这样才称得上是宅男。

能够做出这般考虑周到的捕虫器具的人，只可能是和我一样是"昆虫少年"的人。制作出这个便携式捕虫网的，是已故的志贺卯助先生。他所创办的志贺昆虫普及社，是和我一样的昆虫少年的圣地，我们把他尊称为志贺社的鼻祖。志贺昆虫普及社原先位于涩谷的宫益坡上，只要提起来圈内人都会似曾相识地感慨，"原来就是那儿啊"。志贺社主要研发捕虫和标本制作的工具，也是极少数的进行售卖的地方。若干年前，宫益坡的店关门了，现在搬迁到了户越银座，同时也经营起网上商店。顺带提一句，我所提到的便携式捕虫网的费用是一万日元多一点，作为捕虫网来看可能偏贵，但这可是专业级别的东西呢。

那么，到底去哪里才能找到蝴蝶呢？在大家看来，蝴蝶总是轻盈地肆意飞翔，但其实蝴蝶的飞行也是有规律性的。第一条，蝴蝶是草食性生物，例如我喜欢的大型燕尾蝶的幼虫，只会吃柑橘类或者山椒的树叶，所以幼虫的母亲为了给孩子们找寻食物，一定会飞到这些树叶上来。线索便是植物上所散发出的固有香气，也就是说，蝴蝶是有着各自的飞行路径，我们把这个称为"蝶路"。蝴蝶在飞行的时候，用太阳光作为自己的导航，所以在夜间和阴雨天，它们都躲藏起来，不让人们看到自己的身影，只有在天气好的日子里，它们才会沿着日晒充足的路线飞行。

前段时间，我拜访了滋贺县的一个叫作近江八幡的地方，结束工作之后，我沿着农田和山脉接壤的部分，一边眺望着树木一边往前走，突然，我发现远处有一棵又大又漂亮的山椒树，这样的树一定会吸引蝴蝶的到来，我的内心突然激动起来。抬头仰望天空，确认了太阳的方位和四周日照的强度，我内心对自己说，假如蝴蝶要过来的话大致会是这个方位吧。

在投射到地面的树荫之间，有一个轻盈舞动的身影隐隐若现，从侧面缓缓而出。出现了！我立即抬头看了一眼，心里猜测着是一只什么样的蝴蝶，漆黑的翅膀上装点着奶油色的鲜艳的斑点，一只巨大的帝王燕尾蝶优雅地向我飞来。

能够成功捕获蝴蝶的机会是转瞬即逝的。我站在它飞行的蝶路上，它像挑衅一般继续向我逼近。要将这轻轻扇动翅膀的蝴蝶收入囊中，需要像棒球击打队员一般，以巧妙的姿势击中迎着死角飞来的目标，一边收住腰，一边从侧面去捕捉它。如果你错过了这个瞬间，目标就会朝着高处飞去，一去不复返。抓到了！洁白的网兜中，帝王凤尾蝶扑腾着自己的翅膀，它真美。我在短暂欣赏之后，又将它放回了天空。

静静地等待一个事物的降临，它来与不来，我们并不知道。与大自然打交道，我们要做好最坏的可能性，并且对坏的结果采取宽容的态度，这也许是作为科学家，最可贵的一项品质吧。

《杜利特医生航海记》和《小猎犬号航海记》

我一听到航海，胸间的情绪便会高涨。

我非常喜爱的杜利特医生，是休·洛夫廷[1]所创作的童话故事的主人公，他的角色设定是一位19世纪前半段的英国人，爱好生物，尤其是稀奇的生物，经常为了寻找珍稀的动植物而出发旅行。杜利特医生把自己称为自然主义者。

有一次，杜利特医生迎来一次新的航海机遇，他闭

---

1. 休·洛夫廷（1886—1947）：美国童话作家、画家。

上眼睛，把铅笔直接从上方扔落到铺开的地图上，铅笔芯所点出的地方就是这次航海的目的地——蜘蛛猴之岛。他租借好帆船，装载满食物、水和资料就踏上了征程。杜利特医生家位于一条叫作帕多鲁比的街道，是一个虚构的地名，据说有可能是以位于英国西南边的布里斯托尔一带为原型创作的。那里自古以来就是一个港口城市，稍微沿着河川而下，就能汇入大海。他们出发后不久，就发现了航海旅行的常客——偷渡者。为了把他们请下船，于是决定在距离最近的彭赞斯港靠岸。彭赞斯是一个真实的地名，位于英国主岛西侧突出部分的康沃尔半岛前面。紧接着，杜利特医生一行总算可以迎帆驶入大西洋了，帆船暂时保持着南下航行。接下来停靠的地方是一个叫作布兰卡角的小岛，那里属于西班牙管辖之下，盛行斗牛运动，街边的咖啡馆和餐厅深夜灯光通明，热闹异常，吉他的声音不绝于耳。与杜利特医生同行的助手——叫作斯塔宾斯的少年见到这样的情景非常激动，对旅程的热情愈加火热。

　　杜利特医生看到斗牛这样残酷的行为，感到非常心痛，于是他立即为了废弃布兰卡角的斗牛运动而奔走，在那期间，他心生一计，巧妙地解决了这个问题。之后，医生一行便再次踏上了旅行，向着大西洋的南边，朝着他们的目的地——南美与非洲之间的蜘蛛猴之岛前进。在暴风雨中抵达蜘蛛猴之岛后，杜利特医生在岛上十分活跃，他捕捉过甲虫和蝴蝶，帮助当地人寻找行踪不明的失踪人口，还帮助岛民解决了纠纷。少年时代的我对杜利特医生十分崇拜，可以说我就是从那时起立志要成为生物学家的。

在我长大之后，与另外一本航海记的相遇，再次让我感到了雀跃，这本书是查尔斯·达尔文[1]所著的《小猎犬号航海记》。读过这本书之后，我感觉到十分震惊，因为这本书与《杜利特医生航海记》在很多细节上竟然存在着不少巧合与一致。同样是立志成为自然主义者的达尔文，作为一名船员登上了调查测量船小猎犬号，在1831年末从英国的普利茅斯港出发航

---

1. 查尔斯·达尔文（1809—1882）：英国生物学家，进化论奠基人。

行，这与杜利特医生是同一个年代，并且，普利茅斯就位于康沃尔半岛。调查船沿着大西洋一路南下，首先在西班牙统领之下的加纳利群岛，接着是葡萄牙统领的佛得角群岛，而杜利特医生停留过的彭赞斯就在这附近。由此可见，《杜利特医生航海记》的作者洛夫廷一定对小猎犬号有所了解。

在那之后，小猎犬号又到了南美洲，沿着各地停停走走。假如有人问我"你的梦想之地是哪里"的话，我应该会毫不犹豫地选择小猎犬号所走过的这些地方吧。达尔文在绕过合恩角之后进入了太平洋的领域，接着，他又环游了加拉帕戈斯群岛、大溪地、塔斯马尼亚和毛里求斯等地，这些地方放在当代，每一个地方都是度假胜地。这次航海之旅，为达尔文在日后提出自然淘汰和适者生存的进化论打下了基础。

我还有一个梦想，那便是为《杜利特医生航海记》做一个新版的翻译，用它去再次提醒世人，生物学家本不是分解大自然的人，而应该是热爱自然的人，应该是一位自然主义者才对。

对大自然的不平凡而怦然心动

2012 年盂兰盆节假期期间，我以项目监修和校长的身份，参加了东京国际论坛举办的丸之内儿童大集会，这次活动的目的是希望孩子们能够接触到各种各样的"奇迹"。这里所说的"奇迹"，指的是对不可思议的事物感到吃惊、惊奇的感性和心情。

在此次活动中，我提议业余研究者和专业研究者组成一对，为他们和孩子们提供场所，邀请他们给孩子们讲述一些故事。因为在当今的社会，业余研究者对"奇迹"不厌其烦的追求，为世界的各个学术领域带来了很多新的发现。

例如古生物学方面，我邀请的是被称为"化石猎人"的大仓正敏先生，他埋头致力于福井县的化石开采基地，发现了霸王龙牙齿和甲鱼祖先的化石。在听他讲述挖掘化石的不易和辛劳的同时，我们一起倾听了国立科学博物馆的真锅真先生讲述了发现该化石的意义和价值所在。在宇宙研究方面也有类似的例子，号称"新天体猎人"的板垣公一先生和国立天文台的渡部润一先生的对谈也是如此。

对昆虫的热爱，加上见识了很多种类的生物，唤醒了我对事物的好奇心。我这样对孩子们说道：在我还是一个孩子的时候，我请大人帮我买了很廉价的显微镜，从此便沉迷于微观世界里。我用显微镜观测蝴蝶翅膀的鳞粉，仿佛是一片片的花瓣，有着统一的形状；还有虫卵，最初它就像珍珠一样的光滑闪耀，但是当孵化越来越临近，它便会逐渐变得发黑，从里面钻出来的弱小幼虫，首先会熟练地把孵化的壳子吃掉。

这一切让我这个宅男变得想要去追溯源头——究

竟是谁最先制作出了这样了不起的装置！我查阅了科学史，发现是荷兰代尔夫特的列文虎克[1]制作了显微镜，并且用此发现了水里的微生物、血细胞和精子，这是300多年前的事情了。而我对列文虎克只是一个业余爱好者这件事情心怀赞叹。另外我也了解到，在与他同时代，相同的地点，还诞生了画家约翰内斯·维米尔，以此为契机，我也开始迷上了约翰内斯·维米尔。在我讲述这些的时候，小学生和中学生们都津津有味地聆听着。

被称为"昆虫博士"的业余研究者——铃木康博先生带着蝴蝶的幼虫和虫蛹来到了现场，他在着手进行大紫蛱蝶和麝凤蝶的饲养和繁殖，还展示了我最喜欢的绿色甲虫、天牛的实物。孩子们亦是津津有味，十分感兴趣，见到昆虫的实物对于他们的冲击很大。

不论是昆虫，还是化石、行星，找到自己感兴趣的东西，并且把这份兴趣持续下去，去探索、去研究、

---

1. 安东尼·列文虎克（1632—1732）：荷兰显微镜学家、微生物学开拓者。

去等待，这就是学习这件事情的本质所在。说起来我自己也是这样的。我对昆虫、细胞、基因和约翰内斯·维米尔的喜爱，都是先着手把下面的子项目一一列举开来，接着进行搜索和查询，对自己的爱好抱有执着之心。

但是，仅仅做到这些是不够的。我最近察觉到事物之间的关联性和平衡性也是十分重要的，这当作后话另说。

我从铃木康博先生那里分得了麝凤蝶的虫蛹。作为食用草的马兜铃上悬挂着一朵黄色的花朵一样的东西，我尽量不去摇晃它，轻手轻脚地把它带回了家，并且安置在了书房的角落里。日子一天天过去，它的颜色逐渐变得浓厚，在一天深夜里，它总算开始了自己的羽化，可以看到虫蛹里一只黑色的蝴蝶拼命地挣扎着要爬出来，就像我们调整自己的呼吸一样，开始缓慢地扇动自己的翅膀，翅膀流畅地伸展开来，这样戏剧性的变化（生物学中称之为"变态发育"）真是这世上绝无仅有的。我很久没有看到这样的过程，于是由衷地发出了感叹。

　　第二天早晨，麝凤蝶朝着夏日的天空飞走了。如果可以的话，我希望自己不是一名职业的生物学家，而只是一位业余人士，做一个纯粹热爱昆虫的人啊。

前往观赏《戴珍珠耳环的少女》

　　利用春假时间，我来到位于荷兰海牙的莫瑞泰斯皇家美术馆，在这里藏有 17 世纪画家约翰内斯·维米尔最负盛名的画作《戴珍珠耳环的少女》。画作被悄悄安放在美术馆的三楼。在漆黑的背景前，少女头上包裹着蓝色的头巾，身袭黄土色的古代服装，由于是作于 17 世纪，所以这套服装似乎显得有些古风，画家捕捉到了她不经意回头的瞬间。

　　时间仿佛静止在了那一刻，但是这里所说的"静止"和"静物画"的感觉是相差很大的。时间虽然被定格在了那一刻，画作却向我们暗示了时间线的流逝——她在回头前是怎么样的，回头之后的下一刻又会怎样做。这样说来，画作里的少女仿佛活了起来，而能够这样自由自在地操纵和抓捕时间的，也只有约翰内斯·维米尔。

少女神情忧郁，大大的瞳孔中释放出一丝恐惧的气息，她缓缓地向我们投来清澈的眼神，这样的眼神，究竟在向我们诉说着什么，在看向何方？她仿佛是在注视着欣赏画作的我们，又仿佛用眼神贯穿了我们，投射到了更远的地方。站立在她的面前，我感觉自己好像变成了一种透明般的存在。

以这幅画为背景，作家特蕾西·雪佛兰[1]创作了长篇小说《戴珍珠耳环的少女》，在书中，作家完美地诠释了这个眼神背后的谜题。少女出身贫寒，被维米尔一家雇为女佣，然而，由于少女对色彩和空间有着十分通透的感性，在她从事家中事务的时候，被维米

---

1. 特蕾西·雪佛兰（1962—）：作家，出生于美国华盛顿，1984 年迁居英格兰。

尔所发掘，于是便让她帮忙进行画室的打扫，并为维米尔准备画具。维米尔的画室，对自己的妻子和孩子都是禁止进入的，少女却能出入自由。少女被绘画的魅力所打动，逐渐地，她也深深地受到了维米尔的吸引。一段时间之后，维米尔开始邀请她做画作的模特。

绘画作品就快要完成了，可是维米尔总觉得哪里还不够，还差那么一点点的光亮。于是维米尔背着妻子，偷偷地将妻子的珍珠耳环拿来，让少女佩戴。这样的行为发生在一个女佣身上，将会引发什么样的涟漪呢——结果非常地明显，这就是少女眼神中的那一丝恐惧和坚定的由来。这部长篇小说被改编成电影搬上了大银幕，相信很多朋友已经看过了吧，斯嘉丽·约翰逊[1] 饰演少女，科林·费尔斯[2] 饰演维米尔，他们都将书中的角色诠释得非常精湛，完美地再现了 17 世纪代尔夫特这座城市的气氛和风光。据说斯嘉丽·约翰逊也亲自到莫瑞泰斯皇家美术馆观看了绘画的原作。

---

1. 斯嘉丽·约翰逊（1984—）：美国女演员。
2. 科林·费尔斯（1960—）：英国演员。

接下来我们再说回少女佩戴的珍珠。维米尔在此处也为我们留下了谜团：少女回过头来，珍珠耳环的位置在面部的阴影之下隐藏了起来，所以照理说，珍珠本不应该像画上那般闪耀的，但是维米尔在珍珠里添上了闪耀的光之点，使得观看画作的我们仿佛要被珍珠的光亮所吸引进去。但是说到底，这样的现象只会发生在作品之中，可以说维米尔真是光之魔术师了。

实际上，来到莫瑞泰斯皇家美术馆观赏过画作之后，就能够自然而然地明白，少女究竟在注视着什么。这幅画被安置在一个很小的房间里，在它对面的位置，摆放着维米尔的另一幅名作《代尔夫特风景》。没错！少女的目光的角度，正好落在了这幅画上。

《戴珍珠耳环的的少女》在 2012 年 6 月，漂洋过海来到了日本的东京都美术馆和神户市立博物馆公开展出。你们中一定有很多人，有机会一睹少女那不可思议的眼神吧。

当
科
学
遇
上
艺
术

　　若干年前，我启程拜访了位于伦敦的世界历史最悠久的科学学会——英国皇家学会。自1660年创立以来，该学会致力于科学振兴运动，派遣使者到欧洲各国，四处搜集新知识和新发现。我去拜访它的目的，是为了一睹17世纪时荷兰人列文虎克亲笔书写的手稿的风采。

　　列文虎克当时自己制作的显微镜，和我们现在使用的显微镜有一定的区别，他制作的版本还显得比较粗糙。但是，在他深入观察微观世界的过程中，他第一个发现了微观世界里也隐藏着一个宇宙。他也是第一个发现水中的微生物、血细胞和精子的人。

列文虎克的观察记录被保管在皇家学会的书库之中，我心跳加快，怀着激动的心情翻开了他的手稿，看到手稿上书写着非常整齐的、娟秀细小的文字。我继续往后翻阅，发现手稿中还夹着记录了显微镜观察的素描画，画上是一只幼小昆虫脚上尖锐的爪子，因为画得实在是太过于清楚和鲜明，甚至连阴影部分都处理得十分圆滑自然，我不禁屏住了呼吸。

实际上，我有一个想法埋在心里，没有告诉大家。列文虎克在手稿中轻描淡写道，由于自己并不擅长绘画，所以将素描部分托付给了技术精湛的画家。也就是说，观察的记录是他亲笔写的，而素描画则是借助了画师的帮助。

说起技术精湛的画家，会是谁呢？我的脑海中浮现出了一个人的名字：与列文虎克生长于同一年代，1632 年出生于同一地区代尔夫特，对光线和镜片的作用怀有兴趣的画家——约翰内斯·维米尔。提起列文虎克身边的技术精湛的画家，除了他还能有谁呢？

由于我是维米尔的忠实支持者，对他的热爱非常之激昂，甚至使得我在东京的银座建立了维米尔银座中心。

我以维米尔的原作为基准，采用当时最新的CG和数码印刷技术，复原了维米尔创作时所使用的色彩和质地，用同样比例大小的麻织帆布为画布，将绘画一层一层地打印上去。并且，我还选用了和所藏美术馆一模一样的画框，按照创作的年代顺序，将画作一一陈列出来。我把这个称为"维米尔的再创造"，这个中心是当时世上绝无仅有的、唯一可以观赏维米尔所有作品的梦之美术馆（展出于2012年11月底结束）。

在中心里，我还设置了列文虎克的展览区域，陈列着列文虎克的手稿、素描，以及当时他使用的显微镜的复制品。我在此提出了自己的那个假说，希望大家能够一起就维米尔的作品和手稿中的素描来进行对比和比较。

秋筱宫亲王一家（译者注：皇室成员）也光临了

展览，并亲自参观了列文虎克的显微镜。我是生物文化期刊学会的会员，而殿下是该学会的创建人之一，殿下对生物学的造诣极高，对生物学有着深深的爱好。列文虎克版的显微镜里面，有一颗打磨得很亮的小小的玻璃珠，它作为显微镜的镜片来使用，借此，显微镜实现了放大近 300 倍的功能，能够用来清晰地观察细胞、微生物这般大小的东西。

在就维米尔和列文虎克的关联进行讨论之后，我一边用显微镜进行植物细胞的观察，一边为殿下讲述了融合了艺术与科学的 17 世纪的荷兰。殿下亦担任日本荷兰协会的名誉总裁，与荷兰有着很深的渊源。他说道，例如描绘香鱼类的画师川原庆贺，就是科学家与艺术家的结合。另外，以荷兰为代表的欧洲其他国家，科学与艺术的结合也是他们的文化与传统的一部分。听了这番讲述，我从中得到了很大的启发。

画家维米尔与暗盒

前几天，我去了一趟东京迪士尼乐园，因为我听说那里有相机的暗盒。我都多少年没有踏入游乐园了呢。进去之后立即被华丽而欢乐的氛围所包围，我也不由地心情雀跃了起来。

现在，我们一般把"照相机"直接称呼为"数码相机"，但"照相机"一词的由来，其实是拉丁语的"小房间"。而相机的暗盒，就是"小房间"一词所指的装置，我们通过这个装置，能够看到镜头前的事物，并且将其还原出来。在这小小的装置之中，还隐藏着一段饶有趣味的科学历史。

当我观赏 17 世纪荷兰画家约翰内斯·维米尔的作品时，我总会被他那独具风格的笔触所打动。他在描绘人物或是物体的时候，轮廓的边缘与周围环境融合在一起，采用了柔焦的画法，投射到物体上的光显得十分温柔和柔软，这其实是值得人们惊奇的地方，他非常正确地表现出了物体的远近关系。例如《士兵与微笑的少女》，画中描绘了男性和女性在明亮的房间里谈笑风生的场景，这是维米尔早期的作品，光线从画面的左侧的窗户外铺洒进来。微笑的女人朝我们这个方向，把手放在桌子上坐着，光线把她映衬得十分明亮。女性对面坐着一个戴帽子的男人，男人背对着我们，也就是说从看画人的角度看过去，男人离我们更近。维米尔将男人的背影画成女人大小的两倍左右，占据了大半个画面，真是非常奇妙的构图。

虽说作为一幅画它的构图很奇妙，但是仔细看下来，房间里的所有事物——人物、窗户、墙上的地图，椅子等等，它们的大小一比一还原了我们视网膜所看到的事物的远近关系，假如只是简单地将屋子里的东西进行写生，是绝对不会画出维米尔一样的画来的。

所以，维米尔是将肉眼所看到的东西一比一地描绘了出来，换言之，在还没有相机的年代，他就成功创作出了像摄影的视觉般的作品。

为什么维米尔能够做到这一步？世上有推论说，难道他使用了相机的暗盒装置进行创作？为什么我们人类能够看见东西？那是因为通过瞳孔吸收的光线聚集到一起，起到了眼球的晶状体的作用，从而在视网膜上成像。

利用这个原理在人的视网膜以外显像的装置，就是暗盒了。大家都听说过针孔相机吧，针孔相机通过针孔来吸收外界的光线，因为孔径非常之小，所以能去掉多余的光源，从拍摄物身上的某一点反射过来的光线，仅有一缕可以通过它，并投射到胶卷上。这样一点一点汇聚的光源，再一点一点地感光成像。在针孔照相机基础上更进一步的便是暗盒了，暗盒将孔洞放大，装上镜片，更加高效率地搜集光线成像，这个构造与人眼成像的原理完全一致。刚好在 17 世纪左右的时代，人们尝试制作了各种各样的暗盒。

迪士尼乐园里所配备的是外形像体育馆一样的大型暗盒。在很暗的房间中，房间屋顶的最顶部装置里一面 45 度倾斜的镜子，照射到镜子上的光通过镜片，投射到正下方的圆形桌子上。镜子可以通过手动调整，360 度全景观看室外的景色，这真是非常不可思议的装置。造访迪士尼乐园的人们的轮廓与周遭的景色融合在一起，通过柔焦的方式显示出来，光与影看起来十分柔软——这正是维米尔的画风啊。

来自水上城市
威尼斯的智慧

　　生物的存活，无论如何淡水都是必须的。细胞中的所有反应都是在细胞液的水中进行，氧气和营养物质溶解于水之后，对生物进行能量补给，代谢产生的废物也是溶于水中，随之排出细胞之外，也就是说需要外界源源不断地供给流动的淡水。海水中含有大量的盐分（盐存在于水中时带有电子，也就是以离子状态存在），盐分会对细胞的新陈代谢以及细胞膜内外的物质输送产生阻碍作用，所以直接饮用海水的话，并不能给人体输送必须的水，还对生命有害无益。

所以从古至今，能否确保生命延续所必须的淡水，是影响到人们的生死存亡的大问题。

　　我曾经到威尼斯游历，威尼斯是建筑在海水之上的城市，充满城市各条街道的水路都是海水。即使在那里挖一口井，也只能汲取到海水，无法获取淡水。早在 5 世纪左右，水上城市威尼斯就开始建造，那么当时究竟是怎样确保淡水资源的呢？

　　穿梭徘徊于威尼斯的小路之间，两侧的建筑物排列紧密，像极了迷宫，有时会出乎意料地偶遇用石头堆叠而成的广场，当地人把这样的广场称为"campo"，它们大大小小地分布在威尼斯的各个角落。这种广场的正中央，一定会有一个有着装饰的石头材质的建筑物，看起来就像一口井，其实不是真正的井，意大利语叫作"pozzo"。这是一个搜集雨水的装置，而雨水就是威尼斯唯一的淡水来源。

　　确保淡水资源的另外一个重要因素就是卫生问题。水中含有各种各样的物质，包括细菌和一些微生物也会在水中繁殖，而这些都是传染性疾病的病原体。尤其是雨水，雨水接触房子的屋顶或者排水沟而流下来，这样的淡水并不卫生。要如何把这样的水变成能饮用的淡水呢？其实只需要对其进行过滤就可以了。

在这些广场的地面之下，有一个巨大的储水槽，直径长达十数米，深度为 4 到 5 米，为了防止水的流失，四周用黏土层进行了加固。水槽的里侧分布有碎石层，用细小的沙粒进行填塞，为了能够进行引流，广场的周围分布有很多狭缝形状的取水口，水顺着这些条缝进入水槽的碎石层，之后会经历一段很长的过滤期。在渗入沙粒的过程中，水中的杂质以及细菌会被筛除，在沙粒的空隙中生存的微生物还会对水中的有机物进行分解。

以上内容就是过滤过程的本质。例如饲养观赏鱼的循环式过滤槽，水槽下面铺设过滤材料，在中间栖息的微生物会将鱼的排泄物等有机物进行分解，从而达到过滤的效果。再比如，山中的泉水之所以干净，也是因为水在流过土壤的时候得到了过滤。

所以，雨水经过了这一系列的过滤过程，逐渐得到了净化，便能够从广场中央的"井"之中汲取出来使用。过去的人们按照自己的需求取得相应分量的水。由于这是生活在威尼斯的人们确保淡水的方法，淡水资源十分珍贵，所以想必当时对于淡水的分配有着非常严格的规定吧。

人类为了维持生存，每天所必须摄入的水分大概为一升左右，水分也可以从我们吃的食物之中获取，被身体摄入之后，会通过呼吸、出汗和排泄等过程排出体外。

当然如今的威尼斯已经从大陆将自来水管道引入了城市，所以广场上的过滤装置已经不再被使用了。储水装置上面盖上了圆形的铁盖子，作为广场的纪念碑，如今变成了散步和路过的人们坐下休息时候的靠背。

生物学家们从显微镜下看到了什么？

常年以来，我都与学生们保持接触，有的学生虽然学的是文科，却对理科有着卓越的领悟能力，每当遇到这样的学生，我都会非常高兴，同时也会为他们感到一丝遗憾。他们总是这样对我说："虽然我当时也想学习理科，可是因为数学不好，所以放弃了。"

作为一名生物学者，就让我用生物学的例子来谈谈什么叫作对理科保有着卓越的领悟能力吧。说实话，在学习生物学或者进行相关研究的时候，基本用不到复杂的数学知识，顶多就是在药剂调和配比的时候做一些加法和比例运算。

其实对于生物学来说，最重要的应该是空间想象能力和拓扑逻辑的思维能力。细胞是一个立体的形状，我们用一片锐利的玻璃刀片将细胞切下一个薄片，制作出一个"细胞切片"之后，才能在显微镜下对其进行观察。在制作切片的时候，你并不知道是从哪个方向将细胞切开的，所以在用显微镜观察的时候，必须在脑海中重塑细胞的形状。

你们可以想象一下猕猴桃的样子，将其横向切开一个圆形切面的情况下，我们看到的是黑色的种子呈圆环状排列的样子；但如果纵向将其切开，我们就看不到那样的圆环，相反地我们会看到种子呈现出两排梯子的形状。观察各种不同的切面、想象种子在猕猴桃的内部空间究竟是如何被配置的，这样的能力就被称之为"拓扑逻辑"。

在高性能的显微镜出现之后，某位学者在观察细胞切片的时候，发现了细胞内部有着像线头一般的东西，他将其称为"线粒体"，当时还不知道它的功能是什么。因为细胞是立体的、有厚度的，所以在那之后有人注意到，那些看起来像线的东西其实是宽面条形状的带状物被折叠之后所呈现出来的样子。这位发现者就是有着拓扑逻辑的人。为什么细胞内部会有带状物被折叠呢？这又引领学者走向了下一个疑问。在细胞这个狭小的空间内，为了尽可能地增加空间的利用率，因此呈现出了折叠的形状，在这个带状物上面，分布着满满的酵素，这些酵素为细胞产生了大量的能量，而这个地带就是学者所发现的线粒体。

在那之后，又有一位十分谨慎，并且对立体空间十分敏感的学者出现了。他发现了包裹着线粒体的薄膜是双层构造的，那这又有着什么样的作用和意义呢？

在很久之前，小的细菌会被大的细胞所吞噬，当细胞吞噬细菌的时候，细胞膜会向内收缩，形成一个口袋状的空间，将细菌吸入，接着那个口袋就会封闭入口，将细菌融为一体。请大家想象一下这个过程，一层细胞膜加上被吸入内部的细菌的一层膜，就成了双层的构造。当能够使用氧气进行呼吸的有氧细菌被更大的细胞所吞噬的时候，细菌就会在细胞内部变成寄生的状态，这便是线粒体的起源。这便催生了细胞内共生理论。

因此，在还处于刚开始学习的阶段，就将学生们以自己那些小小的优缺点以及擅长和不擅长的领域为理由，把他们划分成文科和理科，并且将他们禁锢在固有的路线上，年轻人的才华有可能还在萌芽阶段就被杀死。我发自内心地希望能够将制度进行一定的改革，能够为他们制定一个切换自由的制度，让他们能够跟随自己的兴趣爱好，随时能够进入相应的领域。

第二章

探索之心

这个世界充满了未知

　　这是我在某次集会上所诉说过的事情。我小时候是一个非常内向的少年，酷爱昆虫，经常出门去捕捉昆虫，并且从虫卵阶段开始饲养蝴蝶的幼虫，整个家里到处都是虫子。甚至有一次，因为心爱的毛毛虫"逃跑"了，我还大闹了一场。现在回想起来，父母对我的这些行为，实在是非常地宽容和忍让，他们一次也没有斥责过我，也没有说过虫子太恶心了，拿去丢掉这样的话。但是，他们也没有主动地教过我什么。

　　当我说完这席话后，坐在听众席的一位母亲举手向我提问。

她说:"我的孩子也十分喜爱昆虫,只要是关于昆虫的事情,他总会一一向我提问,为什么独角仙和锹形虫的角的形状不一样,为什么燕尾蝶的幼虫有着如此漂亮的颜色,在虫蛹中究竟发生了些什么……我总是想要尽力去回答他的问题,但我并不是所有事情都了解,我该怎么做才好呢?"

现实的确是这个样子的,但是,即便对孩子的问题答不上来也没关系,因为我认为比起给孩子一个模棱两可的答案,不如把孩子对事物的疑问原封不动地保留在那里,所以,只要回答孩子"这是为什么呢,妈妈也不知道啊"就可以了。

实际上,即便是专家在场,对于这样的提问也是很难回答清楚的。因为这样的问题太过于接近事物的本质了,即便硬要去回答,你也只能说:"因为独角仙的角是角,而锹形虫的角却不是角,是它的下颚所演变出来的……"你只能像这样一边解释,一边调整看问题的角度,从而又要讲到这些昆虫的幼虫身上的颜色和花纹是什么样的，以及它们是为了隐蔽自己，所以模拟了树叶的形态；可是接下来又要解释，角的功能是为了吓退敌人的，这样听起来好像在说两件互相矛盾的事情。

而且，如果要合理地去解释生物的"为什么"，最终都会归结到一个结论，那便是一切都是为了能够顺利地生存下来，也就是最终会回到进化论这个点上。但是孩子们想听到的其实并不是这样的结论。他们想要了解的是为什么这个世界上会有如此奇妙的形态和美丽的色彩，他们所怀抱的，是探索奇迹的心。话说回来，要解释清楚蝴蝶的幼虫在虫蛹里的阶段，细胞究竟发生了什么样的变化，以及为什么需要如此激剧的变化……这些问题即使是最前沿的生物学家也很难回答得上来。

我想起过去的某一天，我呆呆地坐在地区的行政便民中心的等待室，等着我的户口证明办理完成。坐在我前面的是一位母亲和看起来还在上小学低年级的孩子，工作人员开始叫名字"XX女士"，于是孩子马上不可思议地转向母亲，问道："咦？为什么你的姓跟我不一样？"（译者注：日本结婚后一般情况下女方改为男方姓氏。）

我心想这其中一定是有它的缘由吧。这位母亲十分自然地这样回到道："这是为什么呢，我也不知道呢。"之后孩子便再不做声。

疑问就这样原封不动地存留在了孩子的心间，相信这一定会给他自己一个去主动思考的契机吧，总有一天，疑问会得到解释，孩子会找到答案。尽管有的时候，我们四处寻找都找不到出口、找不到解答，那也没关系。因为重要的是过程，正因为这个世界充满了未知，所以我们怀揣着疑问，去自主地思考这些疑问的过程，是非常具有意义的。

自然界色彩斑斓，五光十色。

我从很久之前就被蝴蝶和甲虫的鲜艳色彩所深深吸引，不仅仅是昆虫，鸟类、鱼类，以及植物，都充斥着五颜六色，十分美丽。

在这充满着色彩的世界中，有一个非常有意思的现象——大自然的颜色分为两种，一种是可以提取出来的颜色，还有一种是绝对无法提取出的颜色。举个例子来说，大家小时候都做过这样的事情吧：把深紫色的牵牛花瓣弄成小碎块之后放入水中，继续将其搓揉，水就会变成紫色。之后再将一块白色的布浸入到水中，布就会被染成紫色。也就是说，我们可以从牵牛花中提取出紫色的色素。牵牛花的细胞中，有一个叫作"液胞"的袋状结构，色素就被储存在其中，当细胞结构被破坏之后，储存在其中的颜色便会显现出来。

我们把这些能够被提取出来的颜色称为"色素色"。在古代，用来作为颜料或染料的颜色都是色素色，它们都从自然界中提取而来。而颜料指的是不溶于水或油的材料，染料则是能够溶解于水或油的材料。

就这样，人类通过自己的努力，提取出了很多的颜色。比如由红花中提取的红花素，从中得到了红色。据说《源氏物语》中出现的"末摘花"指的就是红花。红花其实是菊花的近亲，本身并不呈现出红色，看起来是一朵非常惹人怜爱的黄色花朵。在提取色素的过程中，首先用水清洗花瓣，去除黄色素，剩下的一小部分再继续进入发酵过程。在发酵过程中产生的化学反应中产生了红色素。这种红色被歌舞伎演员和艺人视为化妆用品中的珍宝。究竟是谁第一个发现了提取红色素的这个过程的呢？我实在是为古人的智慧感到赞叹。

另一方面，在自然界中那些过分鲜艳美丽的颜色，往往都不能被提取。

有一种叫作大蓝闪蝶的蝴蝶，栖息在南美的亚马逊原始森林深处，大蓝闪蝶身上绽放出闪亮的蓝色，仿佛金属一般的光泽十分耀眼。因为这份超群的美丽，甚至有用翅膀做成的画框工艺品，我相信很多人应该都见过这样的工艺品（但是对于热爱蝴蝶的我来说，明明是制作标本，却只做一对蝴蝶翅膀摆在框里，实在太令人感到痛苦了，当然这只是我妄自的言论罢了）。

那么为什么说这份闪亮的蓝色，无论如何无法被提取出来呢？即便你搜集大蓝闪蝶的翅膀，将其捣烂，反复多次提取也是办不到的，因为大蓝闪蝶的蓝色并不是由色素所构成。

我们之所以会把红花看成红色，是因为太阳的光线中混合着很多各种各样波长的光，这些光照射到色素上时，只有红色波长的光线被反射，而红色以外的光线都会被吸收。这也是色素色的原理。

　　大蓝闪蝶所呈现出来的蓝色不是色素色，而是一种叫作"构造色"的特殊显色方式。只要用显微镜观察大蓝闪蝶的翅膀，就会发现显微镜下一点都不蓝，能够看到的是细小的、碎碎的透明状物质结构，仿佛是破碎的镜片，以一定的角度和间隔相互填充。如果将光线投射上去的话，只有某个蓝色波长的光线会被完好地反射回去，只要稍稍改变光线的角度，就能看见颜色像金属和矿物质一样产生微妙的变化。

　　即便如此，人类能够用肉眼识别出的美丽颜色，即可视光线的范围是非常狭窄的，我们只能够分辨出分布于紫色和红色之间的颜色，比如黄色、绿色和蓝色都在这个区间之内。这些颜色只是波长有着细微的差别，而分布于紫色之外（即紫外线）的颜色我们是无法看出来的，另外也看不到分布于红色（红外线）之外的光线。

其他的生物，例如昆虫，有的也能感知人类看不到的光线，俗话说百闻不如一见，但我们人类肉眼只能看到这个世界的很小一部分啊。

生物学家，到河边钓鱼去吧。

　　大家钓过鱼吗？虽然我是做昆虫相关研究的，走的是"昆虫宅男"路线，但有一段时间，我也非常沉迷垂钓。

　　随着季节的变化，鱼栖息的场所也会发生迁徙，同时环游的深度也不一样。我们把鱼环游的深度叫作"鱼游深度"。在垂钓时，假如没有探到正确的深度，那么就完全捕获不到猎物，我们把这样的人称为"光头和尚"。相反地，假如完美地探到了正确的鱼游深度，就会钓到非常多的鱼，十分不可思议，我们把这样的情况称为"上钩"。钓竿的深度，可以使用鱼标的位置和指针盘之间的鱼线长度来进行调整。一边在脑海中想象水底那看不见的地形情况，一边考虑在这个季节、这样的气候和气温下，鱼究竟会在哪个深度的附近环游，有的时候需要改变很多次鱼标的位置，来寻找正确的鱼游深度。

鱼饵的种类也非常重要，虽然说鱼在肚子饿的时候什么都吃，但是当气温下降时，动作会变得缓慢，于是它们变得只对某些特定的鱼饵作出反应。

记得在一个很冷的季节，我来到东京近郊的一条小河边钓鲫鱼。在我到达之前，已经有几位钓客将鱼竿伸向水下，我对大家稍微打了个招呼之后，就找到空的地方坐下。我将玻璃纤维的钓竿延伸开来，将鱼线解开，系到钓竿的前端，轻轻一甩便将钓竿扎入了水中。只要观察这一连串的动作，就能看出这个人是新手还是老手。

一开始，我们会用橡胶质地的东西来替代鱼饵挂在鱼钩上，去测量水深，当其与地面摩擦，说明到达水下底部。之后将鱼标调整为刚好露出水面的长度。当水温很低的时候，鱼会躲在水底，尽量保持不动。

鱼其实也是有着完好的视觉、嗅觉和味觉的，我们从哪个方面去吸引鱼上钩，要根据具体的时间和地点来决定。

我专程提前特制了捏成团状的鱼饵，将这种鱼饵挂在了鱼钩上，开始了我的垂钓。这个所谓的特制鱼饵是乌冬粉加上蚕蛹粉（将蚕干燥之后制成粉），将其混合、搓揉在一起所制成的。进入水中之后，它会溶解开来，借此引诱鱼上钩。那天却丝毫没有用它引诱到鱼上钩。当鱼对鱼饵表示出兴趣的时候，这个信号会通过鱼线传导到鱼标，鱼标会随之发生不规则的摆动，我们把这个过程称之为"鱼发出的信号"，钓鱼圈的专有词汇实在是很丰富。当然，鱼也是非常谨慎的，它们会多次用嘴尖先去试探鱼饵，随后才会一口咬上来，所以假如它们只是一直在试探，那么当你抬起鱼竿，会发生鱼饵被衔走，鱼却逃跑了的情况。这也是钓鱼的一门精妙技术，会随着经验的不断丰富而逐渐进步。

　　看起来，我特别制作的鱼饵的味道似乎吸引不到鱼。还好我提前想到可能会发生这种情况，所以我准备了另外一种鱼饵——活的赤虫。赤虫身长 1 厘米左右，是孑孓的一个种类，浑身通红，且扭动起来弯弯曲曲的，当很多赤虫聚集在一起的时候，讨厌虫子的人看到可能会当场晕倒吧。它是非常卓越的鱼饵。

　　我将鱼饵换成了赤虫，轻轻地将其钩到鱼钩上，将鱼竿甩入了水中，眼看着赤虫蠕动着身体，消失在了水面之下。那么它作为鱼饵的效果会怎么样呢？在赤虫鱼饵即将探底的时候，鱼标就开始发出"嘶嘶"的晃动声！赤虫的扭动在视觉上吸引到了鱼。

　　随后，仿佛小钢珠机被击中、小钢珠不断掉落下来一样，鱼开始一批接着一批地咬钩（我是不打小钢珠机的，这个比喻只是我的想象而已）。咬钩的是银色的小鲫鱼，虽然身体只有 10 厘米左右，咬钩的力气还是很足的。就这样我收获了很多的鱼。能钓到这么多的鱼固然开心，但是我觉得，钓鱼最大的乐趣还是在于前一晚的布局和准备。即使不投身到大自然中去，在这样的小自然之中，也可以抱着一颗探索的心！

从碎片中窥探世界

　　在一个微风徐徐、很舒服的午后，我拜访了位于东京青山背街的一家小小的古董店的画廊，原因是我想要观看在这里举办的名为《我的破烂儿美术馆》的展览。这里的"我"指的是世界知名的免疫学家——已故的多田富雄[1]先生。多田先生在免疫机制的专业研究领域中是一位集大成的学者，取得了很多丰硕的研究成果，同时，他也从事面向大众的文学创作和能

---

1. 多田富雄（1934—2010）：日本免疫学家，东京大学名誉教授。

剧的创作，对美术和艺术抱有兴趣，是一位在各个领域都有着极高素养的人物。

多田先生借着学术研讨会以及其他研究的机会，造访了世界多个国家，例如他曾逛过纽约街角的古董美术商店、伊斯坦布尔市井中的拥挤市集……他邂逅了一些魅力十足、激发了他购买欲望的小玩意儿，他把这些东西称为"破烂儿"。

从这些"破烂儿"的一个个碎片窥见整个世界，这是一种想象的能力。即使是再小的东西、即使不是什么著名的作品也没关系，只要将它们放在身边，不时眺望它们，便能看到这些侧面背后的世界。看到的东西是一段历史，是一种民俗，是制作的工匠的身影，是同一时代背景下的名作的记忆，是包裹着它们的异国的风土人情。这些"破烂儿"的一个个碎片，是超越了时空、通往异次元世界的一个小小的入口。（选自朝日新闻社《我的破烂儿美术馆》）

被静静地安放在画廊里面的"破烂儿"们，的确是小小的碎片。例如高度 10 厘米左右的犍陀罗佛的坐像，伊特鲁里亚红陶制的女性头部，握起来的拳头一般大小的缅甸佛头，希腊的黑色花瓶，汉和唐时期的俑，美索不达米亚的一对泥人……仔细端详它们，能够从表面的磨损程度，看出究竟有多少时间被折叠在其中。不论哪个展品都非常有意思，有着各自的性格和温度。于是，我变得非常能够理解为什么多田先生会如此中意这些东西。

我无法揣测出每一件展品的价格，但是这些东西和博物馆、美术馆里收藏的作品不一样，是普通人也能够接触得到的东西。多田先生一定在各个国家经历了许多讨价还价的过程，而他一定十分享受这样的经历吧。

我一边观看着"破烂儿"展，一边对多田先生的生命观展开了思考。我认为从碎片中窥探世界，与他的研究对象——免疫机制——在本质上是相通的。免疫是由分化后的淋巴球和白血球来完成的，当出现炎症或者异物的时候，就会展开一场"局部保卫战"，但不论在什么情况下，免疫细胞都紧密地团结在一起，有组织地形成一个网络系统。促进功能和抑制功能也由这个网络来控制，也就是说，不仅仅是一小部分在活动，而是一套完整的规则在操纵。假如将大脑移植到人体中，这个新的大脑并不能支配整个身体，相反地，免疫系统会将大脑识别为异物，从而产生排斥反应。所以并不是大脑作为主体控制、身体进行遵守和执行，而是大脑与身体一同构成了一个整体，大脑并不是独立存的部分。多田先生将这样的生命网络的完整性称之为"超级系统"。

若干年之后，多田先生因为脑梗塞，右边的身体瘫痪。即便如此，他也坚持使用左手敲击键盘，精力满满地持续着他的笔头创作活动。我的力量虽然很渺小，但是我希望自己能够延续多田先生的意志，将他对生命完整性和支撑其运作的原动力的思考继续深化下去。我一边欣赏着多田先生的收藏品，一边如是祈祷。无比怀念多田先生，他离开我们，到今年（2013年）的春天已经三年多了啊。

　　我之前去了一趟位于阪急电车宝塚站附近的手冢治虫纪念馆。起因是我帮朝日电视台的一个环境保护类的特别节目《请拯救玻璃地球》进行采访,在那里我接触到了很多关于手冢治虫[1]的资料。"请拯救玻璃地球"这个主题,是采自手冢治虫的同名文字著作,并非漫画作品。在原书中,手冢治虫以"大自然为我描绘出了一部漫画"为题写道:"孩子们需要一处温暖

---

1. 手冢治虫(1928—1989):日本漫画家、作家、动画制作人。

的家园，即便它狭小破旧，但是只要家在身边，孩子们的梦想便会从此伸展出翅膀起飞，甚至可以一路飞到遥远的宇宙中去。"

那样的"家"究竟是怎么样的地方呢？刚好听闻手冢治虫从小长大的家就在宝塚站的北侧，上了坡就是，所以我决定一探究竟。

那是一座有着庭院的大房子，看起来十分气派（现在已经被其他人买下）。虽然现在周围是一片居民区住宅，但是在手冢治虫的年代，这里是关西地区富豪居住的别墅区，与六甲山麓相连，自然资源丰富，既有树林和原野，也不乏池塘和小溪，还分布着一些神社和镇守之森。

手冢治虫少年时代的记事本保留了下来，其中记录了自家周边的地图。地图上有葫芦形状的池塘，供奉猫或蛇的神社，他都给这些地方分别取了名字，手冢从少年时代——也就是日本刚拉开战争序幕之时——就建造了自己的小小宇宙。

少年时代的他还对昆虫无比热衷。根据纪念馆展出的资料记载，他喜欢上昆虫的契机源于小学五年级的时候，同班同学带来了一本叫作《原色千种昆虫图谱》（平山修次郎）的书，书中描绘了色彩斑斓的蝴蝶和甲壳虫，除了图片还配有解说。这本书还记录了一些中国台湾地区的罕见昆虫。他看到这本书，立即被昆虫的色彩和样貌所吸引。

　　从此，手冢治虫便展开了每日捕捉昆虫的活动，他家的周围就是昆虫的宝库。从学校放学，他连把书包放回家的时间都舍不得浪费，径直向大自然奔去。为了能够第一时间赶到捕虫的地点，他将捕虫网立在院子里，照片记录下了手持长把捕虫网的手冢治虫，他的弟弟站在他的身边，手上拿着一样的工具，后来据他弟弟回忆说，在捕捉昆虫这方面，兄弟俩是竞争对手，所以互相之间都不会透露自己的捕捉地点是哪里。

　　手冢少年的笔记本中详细记录下了采集昆虫的记录，蝴蝶和甲虫被无比正确且精密地描绘了下来，丝毫不输给昆虫的图鉴。昆虫短暂的生命和瞬间的辉煌被手冢治虫的探索之心捕捉了下来，我想这也是他成为漫画家的原点之一吧，正是大自然的流转和辉煌使他开始动笔创作。正如手冢治虫的代表作《火鸟》中所看到的，手冢治虫本质上的思路，就是生命的无限循环和交替。他的笔名"治虫"也是从那时候开始使用的，昭和3年（1928年）11月3日出生的他被父母赋予了"治"这个名字，他在"治"字后面加上了步行虫的"虫"字（译者注：日语"步行虫"的读音和"治虫"相同）。另外顺便一提，给他取名为"治"是因为11月3日在过去不是文化之日（日本的法定节假日），而是明治天皇的生日，叫作"明治节"。

手冢治虫有一部短篇作品叫《纹纹山在哭泣》，故事中讲述了一个胆小脆弱的主人公，有一天独自在大树下玩耍，在那里遇到了一个不可思议的男孩子，两人成为了好朋友。那个男孩子是住在树下的蛇的化身，不久之后，这个不可思议的男孩子说大山在哭泣，从此便失去了踪影。日本当时正开战，砍伐了很多树木，多年之后，已经长成大人的主人公带着孩子，登上了可以俯视城市的高台上，纵观眼下因为开发工程被毁掉的山脚下，已经变成了整片的住宅地。

这是手冢治虫的自传式作品，漫画书中的最后一个场景与宝塚市的风景十分相似。他以作为自己创作原点的场所，与现如今大自然被破坏的场景相交织，抒发了自己对过往无限的憧憬以及当下无比的哀愁之情。

萤火虫需要走很长很长的路，才会发光

我每天走路去上班，到车站的那一段路上有一条很细的河流，名为丸子川，沿着电车的国分寺崖线流逝而去。所谓的国分寺崖线，是从很久很久之前，由于多摩川隔断了武藏野台地，于是花很多年时间将其河岸之间连接在一起的一条电车线路。崖岸上方的高地分别是成城、冈本、濑田、上野毛、等等力和田园调布等街区，不论哪一个地区都布满了楼房。丸子川通过搜集从崖岸上涌入的水和雨水，在山麓下形成了清澈见底的水流。现如今的东京几乎将所有的河川都

改为了暗渠，因此无法看见水流的流动。东京各个地区叫作绿道，并且有弯曲步行道的地方，都是过去河川的残影。正因为如此，还存在的丸子川显得十分珍贵。

我有时会驻足川边，静静地低头俯视河流，心想也许能凑巧看到小鱼儿在水下游过，可惜因为河流很浅，从上往下没能看到水中鱼儿的黑色脊背。另外，在天色暗下来，我走在回家路上的时候，也会特意凝视着河流，想着在这个季节也许能看到萤火虫轻盈飞过，只可惜最终也只是个虚无缥缈的念想罢了。即使水流看上去十分清澈，萤火虫也绝对不会选择用水泥筑起的护堤岸边作为栖息地的。

听说我的一个熟人利用周末的时间去关东地区北部捕捉萤火虫，位置在靠近利根川的源头附近，那里水流清澈，源氏萤环绕着水流飞翔。对于萤火虫来说，除了水流清澈，还需要以下必要条件，首先需要具备一定湿度的草地以及被自然植被覆盖的堤岸，萤火虫会将卵产在水边的苔藓之中。大概一个月之后，幼虫从卵中孵化而出，萤火虫的幼虫长得很像身躯极小的蜈蚣，外形看起来甚至有些怪诞。

源氏萤的幼虫靠吃一种叫作川蜷的淡水小螺，它靠着自己尖状的下巴，将小螺的壳子撬开，然后吃壳子里面的肉，幼虫一边分泌消化液溶解肉质，一边吸食螺内的汁水。随着幼虫的不断长大，它的觅食对象也逐渐从小型川蜷过渡到体型更大的川蜷，源氏萤的幼虫是很生猛的肉食性生物，而且除了川蜷，别的都不吃。

需要提醒大家的是，萤火虫的虫卵和幼虫都会发光，也就是说从最早的阶段起，它们就具备了发光所需的身体组织。

吃饱喝足之后，幼虫隐藏在河底，度过整个冬天，然后在春天到来、日照时间逐渐变长、水温上升时，它们便会登上河岸，在土里挖洞，为自己找寻栖身之地，转变为虫蛹，所以大自然的土对于它们来说是必须的。初夏时节，萤火虫的成虫破蛹而出，历时一年总算长成。萤火虫不论雄雌都会发光，当雌性和雄性靠近的时候，雄性萤火虫会反复多次地发出简短的、明暗交替的光亮，从而吸引雌性，而雌性则会仅仅发出一次明亮的光，代表接受了雄性的示爱。

而萤火虫幼虫的觅食对象川蜷，对栖息环境则比萤火虫有着更加苛刻的要求。首先，川蜷需要氧气，需要相对来说流速比较快，并且有着浅滩的溪流。当水流拍击在小石子上产生泡沫，才能产生充分的氧气，假如氧气不足，川蜷就不能生存。其次，川蜷吃的食物是植物性浮游生物。但非常讽刺的是，植物性浮游生物的生长，需要水鸟、鱼、小龙虾等等动物的排泄物，之所以说讽刺，是因为这些动物都是川蜷的捕食者，是萤火虫强有力的竞争对手和天敌。

也就是说，萤火虫其实是隐藏在生物之间复杂的博弈和竞争关系之下的一种生物，而萤火虫发出的那淡淡的光芒，就是最好的证据，向我们证明了生物间这种不断循环的、微妙的平衡关系。

昆虫为何喜欢光线？

在现在的城市里，应该没有人点火，也没有虫子被火光吸引而来了，但在灯光下面，我们依旧可以看到虫子在扎堆地飞翔。当我在深夜里创作的时候，台灯下总是会钻进一些不知道从哪里飞进来的小小的蛾类昆虫。就像前几天，当我听到嗡嗡的扇动翅膀的响声，心想这是什么虫子的时候，就看见一只闪着绿光的金龟子在灯下盘旋。

它们是喜欢光吗？乍看起来似乎并不是这样的。蛾类和小型甲虫类，也就是我们说的聚光性昆虫，几乎都是夜行性的。在白天太阳出来时，它们躲在草丛下、树洞中，而当夜幕降临，它们就出来进行树液的搜集等等活动。这是因为它们要躲避自己的天敌——鸟类，于是大自然为它们编排了一套活动时间的"排班表"。

一般认为，夜行性昆虫是巧妙地借助微弱的光线进行感知，从而行动。它们在人类出现数亿年前就生存在地球上，所以它们过去借助的并不是人工的光线，而是靠着月亮或星星发出的光线。

其次，它们并不是朝着光源径直飞去（假如这样，它们会向着月亮飞去），而是习惯性地和光线保持着一定的角度飞行。由于月光来自很遥远的距离，所以我们在地球上看到的月光几乎已经成为了平行光线，这也是为什么我们一边看着月亮一边走路，总感觉月亮在跟着我们。假如对平行光线保持着特定的角度不断地飞行，即使有风或者其他障碍物的影响，夜行性昆虫也能维持着一个稳定的方向飞行前进。

后来人类出现了，当人工制造的光线将夜空点亮之后，对它们会有什么样的影响呢？夜间活动的昆虫会被这样的人工光线所迷惑，尤其是在原野上高高立起的街灯，对于夜行性昆虫是一个很大的麻烦。

与月光不同，人工所产生的光线离地面很近，从近处光源散发出的人造光是呈放射状散开的。假如昆虫把人造光线错认为是月光，并且与光线保持着一定的角度飞行，会造成什么样的结果呢？昆虫与光线保持着精确的直角的话，就会一直绕着光源的周围飞行；然而只要角度变为锐角，就会在空中描绘出一个螺旋状，一边环绕一边朝着光源的方向飞去，我们经常看到灯的四周有虫在环绕着飞翔，就是这样的原理。有很多的昆虫通过眼睛，一边捕捉月亮等遥远的自然光，一边保持一定的角度飞行的导航技术吧。但这项技术却被人造光源所打乱。

当夜行性昆虫被光源所吸引，并不断靠近光源之后，由于过于明亮，对于它们来说这就和白天的环境一样，于是它们会保持不动。也就是说，当光线过于明亮的时候，夜行性昆虫的活动就会被抑制，所以我们经常会看到在昆虫在灯罩或者玻璃窗上停留，并且一动不动。

利用昆虫这样的习性，一种新的捕虫法诞生了：选择一座远离喧嚣的大山，找一片视野开阔的山坡，在那里立起一个支柱，拉一块像床单一样的白布，在白布后面点起像乙炔喷灯一样不需要电源设备也能发出强光的光源。整个山林之中的夜行性昆虫都会朝着这块白布飞来，最后在白布上选取自己要捕捉的对象即可。

听说这样还会招来很多不速之客，比如我认识的一位爱好昆虫的宅男，在利用这种方法捕虫的时候，遇过在山里迷路的人、想要在山里自杀的人，有时甚至会把调查情况的警官也招来。在没有人迹的大山里遇见真人，其实才是最恐怖的呢。

漩涡的形状中隐藏着自然界的共通原理

夏天的夜晚，虫子聚集在光源下面，这是由于昆虫有着对于光源保持固定的角度持续飞行的习性，这个内容我们在前一篇提到过。昆虫为了维持角度的度数不变，最终会越来越靠近光源，它们会勾勒出螺旋状的路线，不断地被光源所吸引进去，这就是为什么我们总看到虫子绕着街灯的周围盘旋（当它们最终撞到街灯上之后，又会开始新一轮飞行，反复循环下去）。

我们把昆虫的飞行轨迹反过来看，昆虫一边将盘旋运动向外部延伸，同时一边勾勒出螺旋形状不断向外扩开，就好比我们捡到一个被海浪拍上岸的海螺，从上往下观察，就能看到一个非常完美的螺旋形状。

用专业的术语来描述的话，这个动作叫作"等角运动"。

请各位在脑海中联想时钟的指针的运动，指针总是朝着一个方向做环绕运动，而刚出生的小贝壳就像是一根极小的时钟指针。小贝壳一边从肉身中分泌出钙质，一边逐渐地构建自己的壳子，就这样一点一点地成长。也就是说，贝壳类动物像时钟的指针一样在做环绕运动的同时制作自己的壳，而指针自身也在以一定的速度不断变长、变粗。我们试着想象一下，在这些发生之后，时钟指针的前端会变成什么样子？由于自身一边变长一边做环绕运动，所以指针描绘出了一个漂亮的螺旋形，这就是等角运动的运动轨迹。

贝壳类动物也是种类繁多的，有呈现出环状漩涡形状的菊石贝，也有由两片壳组成的海瓜子，还有像鲍鱼一样的单壳贝。非常有意思的是，不论哪一种贝类的壳，都可以归纳为以等角运动这个原理长成的。

时钟的指针（也就是贝类的肉身）以多少速度在环绕，最终变得多长等等，根据贝的种类的不同，结果也是有差异的，接着又会导致指针和指针前进方向形成角度的差异（我们把这个称为"贝壳形成角度"）。

菊石贝、鹦鹉螺、蝶螺、蜗牛等等，螺系动物大概都保持着95—100度左右的角度形成自己的贝壳，所以它们都有一个很漂亮的圆锥形的壳子。

诸如鲍鱼这类的单壳贝类，假如你仔细观察的话，就能看到它们的贝壳上也有螺旋形的形状，这种贝类的形成角度大约是120度。以这样的角度运动的话，螺旋形看起来就会大得多，几乎从边界溢出，所以它们不能像菊石贝一样轻便地将自己卷起来，这也是等角运动的一种。

正如前面所说过的，如蚬贝、海瓜子、文蛤之类的双叶贝类的贝壳也是通过等角运动所形成的。我们将两片壳子的合页沿着连接底边的线打开成一个扇形，然后想象我们从正上方看下去。我们会看到两片壳子呈现出一个左右对称的心形，心形的右半边和左半边的曲线，都是分别通过等角运动所形成的，运动角度比鲍鱼要更大，大概 140 度。这样角度下的运动轨迹，会径直向外延伸形成一个螺旋，也就是会形成心形的一半。这些双叶贝类会在左右两边分泌出等量的钙质，并且同时进行两个等角运动，从而形成贝壳。

实际上，这样呈现漩涡形状的图案在大自然的各个角落都能够看到，例如植物界的藤蔓，仙人掌的刺以及向日葵的种子的排列等等，都是经常可以看到的漩涡形图案。可以说，这些生物都是由自身细胞的成长和物质合成所做的等角运动而形成的，这真是大自然这个总设计师鬼斧神工下的一个共同的原理。

恐龙的尾巴是条纹图案

由于黑色素研究的不断发展，我们得以了解到恐龙其实有着非常漂亮的色彩。

黑色素是形成我们身体的皮肤和头发颜色的根本的物质，当很多黑色素连接在一起形成高分子状态之后，就会形成黑色（真黑素）；当黑色素的连接相对较少的时候，就会形成红棕色（棕黑色素）。头发黑的人真黑素多，头发偏红的人棕黑色素多，假如真黑素和棕黑色素都很少的话，根据少的程度就会出现金发、银发以及白发。

黑色素并不只是无秩序地散落在细胞之中，它们是被整齐地打包在一个袋装的"容器"之内，装有高分子的真黑素的袋子是细长的香肠形状，而装有低分子的棕黑色素的袋子则是球状的。

有些生物，例如像青蛙这样的两栖类动物，以及像变色龙这样的爬行类动物，会根据周围的环境的变化，瞬间将皮肤的颜色调暗或者调亮，这是由于它们的黑色素被保存在一个很小的袋子里，所以具有了变色的能力。

当细胞的中心位置聚集了很多装有黑色素的小袋子的时候，由于细胞几乎是透明的，所以皮肤看起来就会显得比较明亮；假如将这些聚集在一起的小袋子一下子打散开来，色素就会扩散到整个细胞中，就会导致皮肤看起来比较暗沉。

而在青蛙或者变色龙等生物的细胞中，遍布着能够使装着黑色素的小袋子迅速移动的绳索和轨道（人类的细胞中是不存在这样高超的"技艺"的）。

生物死亡后，几乎所有的体内的细胞都会自动毁坏，失去细胞原本的形态。在尸体被土所掩埋的情况下，一些柔软的部位会迅速被土壤中的微生物分解，而相对比较坚硬的骨头和头发等部位则很难被分解，需要经过很多年的岁月，被氧化、风化，溶于雨水中，这些部位的形态才会消失殆尽。生物体通过这样的方式，将自己归还到地球的循环之中。

当然在一些比较稀少的情况下，时间的记忆能够得到保存，那便是化石的形成。当生物的遗骸深深陷入水下的泥土中，或者被固定在粘土层中的时候，遗骸就能够与微生物和氧气隔绝开来。当然在这种情况下，自然分解过程也会慢慢推进，组成生物的蛋白质等物质会逐渐受到破坏，但是各个部位受到破坏之后消失的速度是有差异的。被固定在其中的生物的遗骸被其他矿物质所替换的速度，与周围的粘土层转化为坚硬的岩石的速度产生了时间差，所以生物体的形态能够得以保留下来，类似我们做雕塑的时候用石膏倒模。

甚至一些很细节的部分都被保留了下来。即使细胞的柔软部分已经被分解后消失了，但是曾经堆积在其内部中的装黑色素的袋子的形状还是留下了痕迹，这些痕迹使用扫描电子显微镜就能观察到。显微镜下看到的，就像一个微型的月球表面。有很多香肠形状的袋子堆积过的地方，就是黑色毛发的部位；而有球状袋子排列痕迹的地方就曾经长过红色的毛；在找不到黑色素的小袋的地方则是长有白毛的部位。之前在中国发掘的小型恐龙化石中，就进行了这样的一番"月球表面勘查"，结果发现了一个令人感到意外的事实——当年恐龙的整个身体都被羽毛所覆盖，并且它们的羽毛还呈现出了一些花纹图案，就像绘本《我爸爸的小飞龙》中出现的恐龙一样，恐龙的尾巴上是两个颜色相间的条纹形状。

所以恐龙与鸟类相近，曾经也"穿着"着非常美丽的衣裳呢。

永不满足的探索之心，为我们带来新的发现

我的著书《基因爱着不成器的你》（朝日新闻出版社）的一位热心读者，向我发来了提问：

"正在上小学 2 年级的儿子，在家附近的河边发现了一个神奇的生物，因为从来没有见过这样的生物，所以我们一起在网上进行了查询，结果发现它和蚓螈一模一样。但是蚓螈分布在非洲和南美等地区，日本是没有的，所以这是发现了生长于日本的新物种吗？我想请您帮忙看一看。"

这虽然不是 UFO，但是可以称为 UMA

（Unidentified Mysterious Animal，未确认生物体）。这个神秘动物的照片随信件一起寄来。它的长度大约20厘米，宽度接近1厘米，既没有手又没有脚的身体上，就像是泛着蓝色光的蚯蚓一般的怪物。普通人看见这个一定会尖叫，发出"真恶心啊"的感叹，便马上把目光移开，不去看它。但是发现者的少年却满脸得意的样子，将手张开，并将"猎物"捧在手心上。另外一张照片上还注明了是在某一块岩石的背后所发现的，为我提供了发现该生物的现场，由于生物的栖息环境也是很重要的，所以这也是一个重要的信息。

虽说我也曾经是一名爱好昆虫的少年，现在是一名生物学家，但是我研究的是微观世界，以类似遗传基因这类物质为主要的研究对象，所以我对蝾螈一类的两栖类动物并不是十分了解。不过让我印象比较深刻的是，这个生物的身体上有显示出关节的环状线条，沿着身体一条一条整齐地排列着。这个细节也酝酿出了一种让人感觉到不太舒服的氛围，但是话说回来，不论从哪个角度来看，这都不太像是蝾螈或者青蛙一类的两栖动物，所以我决定仔细调查一下。

实际地对比了外国产的蚓螈照片之后，一瞬间我愣住了：和少年抓到的生物的确十分相似，蚓螈属于两栖动物中的无足生物，体型细长，既没有手也没有足。蚓螈的眼睛也被皮肤所遮盖住，所以从外面看不到它的眼睛。但是只要你仔细观察，就会发现它其实有着下颚和嘴巴，看起来像外星物种，大家也可以自行在网络上搜索一下照片。蚓螈的身体表面有关节构造的条纹，这个点让人们对它留下与蚯蚓相似的印象，但是蚯蚓与蚓螈其实有着本质性的区别。蚓螈是两栖类生物，也是脊椎动物，所以蚓螈有脊椎，青蛙和蝾螈也一样，成年后通过体内的肺部进行呼吸；然而蚯蚓既没有下颚，也没有脊椎和肺部，靠皮肤吸收氧气。

善良的少年在拍摄照片之后，就将这个生物放回大自然了，只留下了这一张照片作为证据，所以便无从确认该生物是否有嘴巴、肺部和脊椎。于是我将照片转寄给了对于森林生态系统深有造诣的东京国立科学博物馆的川田伸一郎[1]老师，希望听取他的意见。

川田老师的主要研究对象是鼹鼠，他经常到世界各地去搜寻鼹鼠，而鼹鼠最喜欢的就是蚯蚓。川田老师马上就回信了，他说："我认为这个是日本特有的西博尔德环毛蚓（译者注：学名为 Pheretima Sieboldi）。"

西博尔德环毛蚓？这次可真是频繁地接触了太多奇怪名称的生物呢。西博尔德环毛蚓分布在以西日本为中心的地区，是大型蚯蚓，闪耀着亮眼的蓝色金光，身体十分粗长。江户时代，造访日本的西博尔德[2]采集了众多的动植物，为它取了这个学名，就此这种巨型蚯蚓正式被人类所发现，当然过去的日本人应该也是知道它的存在的。我将这个结果告知给了发现它的少年。

最重要的不是结果，而是过程。我希望他对大自然能保持持久的探索精神。

---

1. 川田伸一郎（1973—）：日本国立科学博物馆哺乳类动物研究主管。
2. 菲利普·弗兰兹·冯·西博尔德（1796—1866）：德国内科医生、植物学家、旅行家、日本器物收藏家。

单
细
胞
生
物
也
会
死
吗
？

　　人类的生命旅程始于精子和卵子合体之后变成的
一个受精卵细胞。受精卵细胞经历分裂、细胞数量增
加，与此同时细胞进行分工（分化），最终组成了人类
这样的多细胞生物。人类大概由 60 兆个细胞组成，细
胞的数量十分庞大。60 兆大概是 2 的 46 次方，计算
起来的话就是细胞分裂重复进行 46 次（实际分裂过程
中有的细胞会出现自杀的现象，以及各个细胞分裂速
度的快慢是有着区别的）。

　　当一个细胞开始进行分裂，被分裂出的细胞就会

离开原始的细胞（被分裂出的细胞被称为"子细胞"），有一种生命体是以原始细胞和被分裂出的子细胞分开生存的形式存在的，这便是单细胞生物。大肠杆菌和变形虫，以及其他种类繁多的微生物都是单细胞生物。假如单细胞生物也进行 46 次的重复分裂的话，理论上就会变成跟人类一样多的细胞数量，但是由于单细胞生物的细胞不进行分工，所以各个细胞会独自地过着自律而自由的生活。

像人这样的多细胞生物一生的历程是非常简单易懂的：我们诞生于一个受精卵，经过一系列的细胞分裂和分化，逐渐变成了一个生命体（虽然哺乳动物表面上看来是从婴儿期开始的，但早在那之前，生命体就已经诞生了），随后不断成长，成熟，寻求配偶，生育后代，养育后代，之后又见证自己的孩子继续繁衍后代，最终迎来自身的死亡……这就是多细胞生物的一生。

那么单细胞的一生，指的是从哪个阶段开始，到哪个阶段结束呢？是从一次细胞分裂为开始，而后到被分裂出来的子细胞即将进行下一次分裂为止吗？如果是这样的话，大肠杆菌的一生最短大概只有 20 分钟左右。

短短 20 分钟的一生，是怎样的呢？

我们将多细胞生物从诞生到死亡的这个区间称为一生。多细胞生物死去后，由于中断了氧气和能量的输送，细胞不久之后便会自我崩塌从而消亡（被划分到细胞中很特别的部分的消化酶会泄漏出来，从而自己将细胞分解掉，我们把这样的过程称为坏死，与积极的细胞死亡方式"细胞凋亡"是不一样的概念）。假如将尸体埋入到土中，微生物会继续进行生物分解；假如进行火葬，可燃的部分会变成二氧化碳和二氧化氮回到大气之中，对生物的生长有一定的帮助。燃烧过后的灰烬（骨头等钙质）最终也会回到大地之中。也就是说，曾经构成一个生命体的各种物质，以及曾经寄托在这些物质身上的记忆，最终都会烟消云散，消失不见。

可是，单细胞生物是不会死亡的。当然也许会出现营养不足、无法分裂的情况，那细胞会停止生命活动，这样的情况我们称之为细胞的死亡。但是，只要还在重复地进行着细胞分裂，单细胞生物就不会死亡。并且原始细胞会将细胞成分的一半分给即将分裂出去的子细胞，也就是说 DNA 先被复制为两倍，再均等地分配给子细胞。假如单细胞生物也有记忆，那么在分裂的时候，原始细胞的记忆也许会传给某一个子细胞，或者也有可能分裂出的两个子细胞都继承了原始细胞的记忆。

这并不是一个夸张的比喻。我这里所说的"记忆"与我们人类所说的"回忆"是不一样的东西。周围环境的温度、氧气浓度、食物的多少等等因素，都会影响到该环境中细胞的代谢速度和反应能力，而细胞也会对周围的这些环境产生适应能力。因此我们足以考虑，这些对环境的适应能力会以某种形式被保存在细胞质中，作为细胞的成分被子细胞所继承，所以我将这称为"细胞的记忆"也是可以的吧。

人类的一辈子终究会走到尽头，我们生存过的痕迹也会变得荡然无存。如此的人类与单细胞生物相比，也只是十分短暂的存在罢了。

螳螂——一种超现实主义的生物

有一位叫作池田学[1]的现代美术家，我私底下十分关注他的作品风格。他的作品令我感到吃惊的，是无比缜密地描绘了树木和岩石的肌理，既写实又充满了超现实主义的感觉。他也以生物为对象进行过创作，比如高举"斧子"的螳螂，作品中不仅使用了如同在描绘水果植物的笔触，画风很像中世纪画家阿尔坎博

---

1. 池田学（1973—）：日本艺术家。

托[1]那些足以欺骗人类眼睛的作品；同时也看起来如同科幻电影中登场的机器人，作家想象力的源泉实在是非常了不起。

仔细观察螳螂这种生物的话，就会发现它看起来有一种非生物的、独特的机械般的构造。三角形的头，金属球一样的眼睛，像塑料一样边缘很细的脖子，以及轻盈得像玻璃纸一样的翅膀，头部和颈部单独转动起来时，斧头似的前足发出"咔擦"的响声，像极了机器人。

不论是从螳螂的名称还是颜色来看，都会把它和蚂蚱、蟋蟀、草蝗等等联想成一类，但是它其实和蟑螂以及白蚁更加接近，是网翅目所属的昆虫。看起来面无表情的螳螂其实非常凶猛（原本昆虫是没有表情这一概念的，但是我总觉得它们非常惹人怜爱，动作也十分可爱，对螳螂却一丝可爱的情愫都没有）。以前我曾经抓捕过螳螂，我用指头抓住它的颈部，它忽然

---

1. 朱塞佩·阿尔坎博托（1527—1593）：意大利文艺复兴时期画家。

以巨大的力气拧起身体，用三角形的面部下方突出的嘴部狠狠地咬住我的手指。

当时简直疼得我无法自已！尽管我以前也被黄蜂叮过，但是我至今为止受到过的昆虫的攻击里面，最厉害的就是螳螂的咬伤了。

关于螳螂还流传着各种各样的传说和未解之谜，其中的一个说公螳螂在与母螳螂交配之后，会被母螳螂吃掉，非常残酷，这条记载于法布尔[1]《昆虫记》的一个章节中，并广为流传。但是经历过半个世纪的野外观察的我，却一次也没能目睹这个场景，我认识的昆虫学家也说，在交配之后，公螳螂会迅速消失，所以恐怕是很罕见的特例被夸大了吧。

还有一个围绕着螳螂的谜题被称为"线虫的悖论"。大家见过叫作线虫的生物吗？它是一种像极了线形状的、看起来很恶心的生物。然而这样的一种生物，却经常寄生在螳螂的体内。线虫的幼体极小，生活在

---

1. 让-亨利・卡西米尔・法布尔（1823—1915）：法国昆虫学家、文学家、博物学家。

池塘以及河流中，首先它们会钻入毛翅蝇这样的水生昆虫的体内，紧接着又转移到捕食毛翅蝇的螳螂体内，在螳螂的体内生长到数十厘米之长。

假如你抓住一只螳螂，将它的屁股部分浸入水面，然后就会从肛门里滑出一条黑色的线虫（在 YouTube 上可以找到视频，但是容易犯恶心的人还是不看为妙吧）。重新回到水里的线虫又会经历交配、产卵的过程，而新诞生的幼生线虫又会继续寻找下一个宿主。

那么，问题就出现了。线虫原本的繁殖场所是在水中，所以长大了的线虫为了回到水中，必须以某种方法诱导螳螂来到水边，假如不这么做的话，线虫的后代繁衍就无法完成。寄生生物究竟是怎样控制宿主的行动的？还在螳螂体内的线虫是如何感知到宿主来到了水边的呢？假如找错了时机，便不能成功地从宿主的体内离开。这就是所谓的"线虫的悖论"，至今仍是一个未解之谜。

金凤蝶的幼虫身上究竟发生了些什么

在我的饲养箱的壁面上，附着着一只茶色的蛹，这是我去年培育的金凤蝶中唯一存活下来的一只。幼虫在夏天的末尾出生，初秋时节变成蛹之后一直保持着这个状态，耐住冬天的寒冷，直到过渡到春天、气温上升之后，才从蛹中羽化而出，这是今年第一只出现在我眼前的蝴蝶。

去年我在花盆箱中种植了很多欧芹，以供草食系的金凤蝶的幼虫吃食。普通的燕尾蝶一般是以橘子、枸杞和山椒等植物为食，而金凤蝶却例外地选择了欧芹和胡萝卜。这是因为两种燕尾蝶生存和栖息的领地互相产生了交集，所以在食物方面区分了各自的生态区位。

我任欧芹肆意生长，它们越长越高，已经超过了我们平时吃的欧芹的长度，其实这样反倒更好——由于金凤蝶对欧芹特有的芬芳十分敏感，所以栖息在这大都会中的金凤蝶纷纷朝着欧芹而飞来，它们一定是嗅到了这乘风飘散的气味吧。

当我察觉到金凤蝶光临花盆里的欧芹，竟然发现欧芹的叶子上已经有了几个虫卵，经过一段时间，虫卵中孵化出一些小小的黑色的幼虫，幼虫迅速地吃食着欧芹，然后又经历了蜕皮，顺利地长大了。它们看上去就像绿色的叶子上长出一条条黑色条纹，黑色之上还分布着鲜黄色的细小纹路，十分地时髦并具有创意。这样的场景分布在欧芹茂盛的叶子之上，大概有10条，每一条都长得又粗又胖，是直到成为蛹之前的终龄幼虫。一旦幼虫到达终龄，它们便会离开欧芹，为了变成蛹去寻找一个安全的场地，它们四处探索，一个不小心就会失去踪影，于是我单独为成蛹准备了一个饲养箱。

有一晚我心想，明天差不多可以把幼虫移到饲养箱里了吧，可是第二天一早我一看花盆里的欧芹，幼虫就好像金蝉脱壳一般，居然都不见了踪影！我慌忙围着花盆找了一圈，又看了看阳台的角角落落，竟然都找不到它们的行迹。即使是为了变成蛹而开始移动，也不可能所有的幼虫一起失踪，一般情况下它们都会选择在很近的地方停留。

就在那时，突然有一个黑影横穿过我的眼角，吓了我一跳，原来是鸟。大概是红耳鹎或者椋鸟吧。我虽然不能确定真正的"犯人"是谁，但是直觉告诉我，这一定是鸟干的。尽管我没有目睹过鸟类直接进入到我的阳台，但是我家这一带经常有很多生活在城市里的鸟盘旋在上空。趁我不注意的时候，鸟会将幼虫一网打尽。

大意了，我应该给欧芹的花盆上拉一个保护网的。但是同时我也察觉到了另一个更加令我震惊的方面，那便是鸟可能一直都在旁等待着。金凤蝶的幼虫这几周一直停留在欧芹上拼命啃食绿叶，视力很好的鸟当然是把这一切都看在眼里，心知肚明的，然而它们却没有立即出手，而是一直在旁坚定地守候，直到它们确认幼虫已经长得足够肥美、营养满满之后，便立即一次性地采取了行动。是我的洞察力太过敏感了，还是因为我想象力太丰富了，人类以外的生物也能做到忍耐和等待吗？换句话说，它们有预估未来的能力吗？我认为它们是可以办到的。我知道这其中的一个例子：科莫多巨蜥的狩猎就是这样的，这个实例我过后再给大家讲解。

最终，仅有一只"幸存者"——躲藏在欧芹叶子背后的幼虫被我发现了，因为它个头还很小，所以逃过了一劫。我小心翼翼地饲养着它，过冬之后它顺利变成了蛹。

生命在静静守候
逆袭的机会

　　科莫多巨蜥，又名科莫多龙，是生存在印度尼西亚科莫多群岛上的巨大爬行类动物，较大的个体身长3米，体重超过100公斤。它浑身上下被又黑又硬的鳞甲所覆盖，看起来像是恐龙的后代。它总是一边威严地注视着周围，一边缓缓地、缓缓地向前爬行。

　　科莫多巨蜥跟在水牛的背后，悄无声息地向其靠近。即便科莫多巨蜥的体型再大，与巨大的水牛相比起来，那可不是小了一倍两倍的，假如发生正面搏斗的话，科莫多巨蜥是没有太多胜算的，一个不小心，也许就会被水牛踢上一脚，或者被牛角攻击，甚至被水牛踩踏之后死亡也是有可能的。所以科莫多巨蜥不会突然发起攻击，那么它们究竟会采取什么样的策略呢？

科莫多巨蜥在旁观察，伺机寻找水牛疏忽大意的时机，而当机会出现的那一瞬间，它们便上前在水牛的后腿上咬上一口后立即撤退。水牛受到惊吓，会做出踢腿的动作，可是由于科莫多巨蜥已经消失，所以踢了个空。水牛就这样一边做着看起来并无意义的动作，一边继续从泥地中走出来。

水牛并没有显示出受伤的样子，被咬到的伤口不过就是一个小小的伤痕，但是，这小小的伤口正是之后给水牛带来致命性打击的根源所在。细菌从伤口侵入到体内，伤口开始化脓，当然这过程中水牛的免疫系统也在为了自愈而和细菌做着斗争，但是科莫多巨蜥的唾液有阻碍血液凝固功能的作用，所以这一个小小的伤口极难痊愈。水牛的周围都是水和泥巴，里面充满了破伤风细菌以及其他致命的细菌，水牛的免疫系统面对压上阵来的细菌大军，被逼得节节败退。

几天之后，水牛的身体就会变得越来越重、摇摇欲坠，因为它得了细菌感染，发起了高烧。一周过后，水牛的步伐变得缓慢，很明显地变得越来越衰弱。

那么在这期间，科莫多巨蜥做了些什么呢？它并不会主动地发起攻击，它既不贴近水牛，也不会离开太远，一直潜伏在水牛栖息的水岸附近的森林里，从旁注视着水牛的动向，也就是说，它会一直等待。对！科莫多巨蜥能够花时间去等待，直到猎物倒下，直到水牛衰弱下来，有时甚至需要好几周。眼看着水牛的四只脚都软弱无力，身体摇摇欲坠，就在这个时候，科莫多巨蜥才会出动整个集团，趁机偷袭水牛！此时的水牛已经失去了战斗力，一旦巨大的身躯被科莫多巨蜥拽倒，便会被数头科莫多巨蜥群起而攻之，水牛已经没有办法再挣脱。

这是一个非常令人吃惊的事实，虽然科莫多巨蜥身体很大，但它依旧是爬行类动物，所以并不具备发达的大脑，可是它们却能够懂得"等待"的意义。首先，它们需要克制住当下的欲望，并限制自己的行动；之后它们还必须提前预料到接下来即将要发生什么。在上一篇文章中，我揭示了等待着吃长肥的蝴蝶幼虫的鸟的故事，与其相比，科莫多巨蜥并不是在一旁等待着自然而然就会发生的事情，它们先主动采取行动，再开始等待。它们是在对手身上设置一个定时炸弹，预估到结果之后才开始等待的。

人类总是自诩拥有高度智慧的生物，我们相信心灵的感受是人类所特有的感情，但并非如此。"等待"是一种非常高级的心理活动，生命总是在伺机等待着逆袭的机会。

第三章

♀的优越♂的忧郁

亚当从夏娃而来

我们的性别是由基因决定的。现在再来复习一遍吧：我们的基因是成对存在的，其中包含了来自父亲和来自母亲的基因。虽然有时只有一边在起作用，但它们也会相互作用、合力工作。所以孩子身上就会表现出既与父母相像，又与他们不同的地方。

基因存在于带状的染色体上。人有 23 对染色体，每一对都不尽相同，人类细胞中存在着 23×2 条染色体。

在为繁衍下一代做准备的阶段中，女性体内生成卵子时，23×2 条染色体会分成两份。也就是说，卵子里含有 23 条染色体。

再看另一边，男性体内生成精子时，会有一点不同。男性的细胞中也有 23×2 条染色体，但其中有一对和女性的不同，是不对称的。女性有一对完全对称的 XX 染色体，但男性的则是一对不对称的 XY 染色体。

精子形成时，因为这一对 XY 染色体会分成不对称的两部分，所以会产生"22 条 + X"型和"22 条 + Y"型的精子。

如果生成一亿个精子，那么其中的五千万个就是前者，另外五千万则是后者。两种精子混在一起进行游泳比赛。如果前者中的一个先抵达卵子，二者结合后形成的受精卵就有 23×2（准确来说是 22×2 + XX）条染色体。这就是女性的基因。另一方面，如果是后者中的一个先与卵子结合的话，受精卵就是 22×2 + XY 型染色体。这个受精卵会变成男孩。

不过，受精卵在一开始都按照相同的流程进行分裂和生长。这一进程所制造的是生物的本来面貌，也就是女性的身体。

受精后六周左右，如果那个受精卵里有 Y 染色体，那么只存在于其上的特殊基因的开关就会开启。接下来的进程就会偏离生长为女性的道路，开始男性化。好不容易才被制造出来的各种细胞、组织和机制会被破坏、重建，这个个体就会变为男性。

男性生殖器的内侧——也就是我们所说的会阴处有像缝合口一样的痕迹，那里原本是女性生殖器，在男性化进程中，组织被黏合到了一起而留下了印记。女性的身体里部件齐全，男性是舍弃了其中的一些后变化而来的。

也就是说，从生物学角度来说，夏娃并非创造自亚当，而是亚当从夏娃而来。而且，虽然有这样一句话"女人不是天生的，而是变成的"[1]，但事实并非如此，男性才是被变出来的。事实就是，男性是在进化

---

1. 西蒙娜·德·波伏娃：《第二性》。

过程中，作为基因的运输者被创造出来的。

　　与 X 染色体相比，Y 染色体更小，只有差不多前者的三分之一。上面的基因数量也极少。也就是说，生物学上男性相较女性本来就有"不足"。我想男性比女性寿命更短，可能是因为被强行改造后所产生的生理负担吧。

可悲的雄性的存在理由

　　采集昆虫、集邮、收集硬币，这些我都体验过（最喜欢的还是采集昆虫）。男孩子更倾向于抱有这种成为收藏家的志向吧。这是为什么呢？

　　这当中并没有涉及征服欲这种狂妄的理由，而是更加可悲的原因。男性一看到琐碎的东西，就会不自觉地收集并储存起来。我的假说如下。

　　生命原本的面貌是雌性，雌性不借助雄性的力量就能生出雌性，这种原始的繁殖方式存在了很长一段时间。现在还有很多生物在使用这种方法——即孤雌生殖——繁衍后代。

这种繁殖方式有自己的生态地位，环境稳定时生物能以此顺利繁衍。但是，当环境变得不稳定时，生命体的一方就很难积极地改变。变化和多样性是生命延续的关键。

这时候，基因就会利用改组的方法重新组合，这样一来就产生了雄性。雌性之间的基因是织物上的纵线，因为某根纵线要和其他纵线相连，所以雄性就被创造了出来。这就像鬼脚图一样，信息有时候会横向移动，这样就更容易发生变化。就算到了现在，像蚜虫那样的昆虫，在气候适宜的时候是雌性繁殖出雌性的孤雌生殖，这样能更高效地繁殖；入秋以后周围开始变得寒冷时，它们就会生出雄性，采用基因更容易混杂的方式繁殖，也就是说，雄性是被雌性创造出来跑腿的。

但是雌性很贪心。它们一开始把雄性当跑腿的使唤，比如让雄性带食物来，偶尔也会让它们摘朵花、建个巢之类的。如果雄性不照做就会被责骂。作为惩罚，雌性还可能不和雄性交配吧。

雌性对雄性的责骂很是管用，雄性很害怕雌性生气。不管怎么说，雌性是雄性的造物主，也是它们的存在意义。因此，雄性就开始收集一些东西。它们不仅收集，还将之积攒起来，藏起剩余的部分以备不时之需。有些时候，为了不惹雌性生气，雄性之间还会互相借用东西。它们之间借用物品时应该还存在着约定和规矩，我想这当中就存在着经济和法律的原型。

另一方面，对于有些雄性来说，收集东西这件事本身就是自己的目标。将东西收集完整、一一积攒、全部收入囊中，这些行为都是毫无目的的徒劳和错觉，但是对雄性来说，这是一种记载世界的构成、确认自身存在的行为。这样一来，雄性就没有闲心去思考自己是雄性，或是交配这些事了。

结果就是，男性以收集昆虫和邮票为开端，最终建立大英博物馆、编纂百科全书、绘制世界地图。他们透过显微镜完成了人类基因组计划，还在地球上布下了互联网。

说到底，生命的生存方式与远古时期相比并没有变化。雌性的存在不需要什么理由，但雄性的存在是有理由的。所以，雄性才会总是想要收集、积攒、网罗东西。雌性只用悠然自得地享受雄性的劳动成果。

蜗牛巧妙的性生活

人类的性别是由遗传基因决定的。精子遇到卵子时，如果携带有 X 染色体的精子与卵子结合，那么这个个体就是女性；如果携带有 Y 染色体的精子率先进入卵子，那么就是男性。一旦基因确定下来，个体的生长就脱离不了既定的步骤。但是放眼自然界，生物的性别的存在方式并不止这一种，这当中存在着许多不可思议的性别。

我曾经一字不落地读过著名的微型小说作家星新

—[1] 所写的故事。平淡的笔触、"N氏""S氏"的不记名形式，还有出人预料的结局。我完全沉浸在了那些构思巧妙的故事中。同一时期我还拜读了简井康隆[2]的作品，他那不羁而奔放的风格从另一个不同的方面打动了我。星新一和简井康隆决定性的不同就在于，星新一的小说中没有一点对性的描写。我很喜欢星新一自由且严于律己的风格。

星新一写过这样一部作品，让我打心底感到惊讶。

"我"正在轻抚恋人洁白光滑的皮肤，这时外星人突然出现并绑架了两人，两人醒过来发现自己被囚禁在了宇宙飞船的一间房内。外星人的目的是让两人在这里生活，从中研究地球人的生殖方式，然后通过让地球人口数量停止增长来实现对地球的占领。

一开始那两人不知所措，但很快就开始享受起了其中的生活，毫不顾忌周遭地卿卿我我。里面出现了星新一的小说里不可能有的性爱场面的描写（下文有

---

1. 星新一（1926—1997）：日本作家，被誉为"日本微型小说鼻祖"。
2. 简井康隆（1934—）：日本科幻小说家。

剧透）。

　　小说的最后公开了"我"的身份：其实这一对恋人是女同性恋。还有一点，外星人是从蜗牛进化而来的。蜗牛没有性别，所以它们大概分不清男女，也不懂得女同性恋是怎么一回事。地球自然平安无事……

　　新星一实在太可怕了。为了展示这个伟大的脑洞，他是否打破了某种禁忌呢？

　　不过雌雄同体的蜗牛到底是怎么繁衍后代的呢？它们的生殖器长在身体的侧面。那里有一个平时看不见的生殖孔，里面同时存在着阴茎和阴道，还有精巢和卵巢。两只蜗牛相遇时，会让两个生殖孔靠近并贴合。因为生殖孔在身体的同一侧，所以自然是以"6"和"9"的型态将身体贴合在一起。接着阴茎从生殖孔伸出来，插入对方的生殖孔中射精，将精子送入对方身体中。受精后，两只蜗牛会同时妊娠（孕育受精卵）。

　　是不是让人大跌眼镜呢，这是因为我们是从人类视角来看待的。说到底，生物的交配就是为了交换基因从而不断制造可变性。这就像洗牌后重新发牌一样。所以没必要区分雄性和雌性，并分别扮演不同的角色。如果生物都像蜗牛一样分饰两角的话，只要个体相遇就可能进行生殖。这是真正的相遇系。在相同的环境下，同时存在着多种生命的爱的形式，显而易见，交配的方式并无优劣之分。

繁衍太多的生物的逆向发明——药

人类一直在探寻安全有效并且简单便捷的避孕方法。避孕药（口服避孕药）就是通过人为干预女性的生理周期来达到目的。我想很多人都听过这个名词，那么就让我为大家讲解下这一避孕机制吧。

避孕药里含有雌激素和黄体激素这两种合成雌激素，其作用就是抑制卵巢排卵。卵巢不排卵的话，不管有多少精子都不会发生受精。避孕药还能让子宫内膜保持在很薄的状态，就算发生了受精也不会轻易着床，它还能让宫颈粘液发生变化，起到阻止精子进入子宫的作用。也就是说，避孕药有两重甚至三重避孕效果。

女性能遵从自己的意愿控制妊娠，这具有划时代的意义。避孕药的发明者卡尔·杰拉西[1]、路易斯·E. 米拉蒙特斯[2]、乔治·罗森克兰兹[3]理当获得诺贝尔奖，但是自打避孕药问世已经过去了五十多年，他们还没获奖。有一种说法称，他们凭借特许经营获得了大量的财富而被人厌恶，所以才没能获奖。遗憾的是米拉蒙特斯前不久去世了，而杰拉西在那之后成为了小说家。

那么，就会有人想：有没有让男性服下后也同样产生避孕效果的避孕药呢？然而这件事并没有那么简单。男性的身体并不像女性那么精密，他们只是负责制造并释放精子，很难找到药剂的作用点。已经有人

1. 卡尔·杰拉西（1923—2015）：保加利亚与奥地利裔美国化学家、小说家、剧作家，斯坦福大学荣誉化学教授。
2. 路易斯·E. 米拉蒙特斯（1925—2004）：墨西哥化学家。
3. 乔治·罗森克兰兹（1916—2019）：出生于匈牙利，墨西哥化学家。

研究过让精子的运动能力降低、阻止精子和卵子结合等等的方法，可是，我们面对的是上亿个精子，要完全隔绝它们是十分困难的。再加上如果要控制被释放出的精子，无论如何都必须要女方的配合（避孕膜或者避孕凝胶等等）。

2012年夏天，美国贝勒、哈佛等大学研究小组的研究成果引起了轰动，还发表在了著名的杂志《细胞》上。研究小组并没有选择抑制精子的运动能力或者阻碍受精，而是直接对精子的制造工程进行干预。

精子是在精巢生成的，精原细胞分裂并经过几个阶段才形成精子。研究小组详细解析了这一过程，还发现了控制各阶段开始和结束所必须的蛋白质，于是合成了干扰这些蛋白质发挥作用的药物JQ1。

研究小组向雄鼠体内注射了3到6周的JQ1，然后观察精子的变化。被试雄鼠的精子数量减少到正常数值的11％—28％，精子的受精能力为正常水平的5％—22％。经过观察后研究小组还发现，这些精子没有完全成熟，大多数都无法使卵子受精。也就是说，

JQ1是通过妨碍精子生成的过程，从而发挥避孕效果的。

　　将注射了JQ1的雄鼠和雌鼠放在一起饲养，雄鼠的交配行为还是一如平常，雄性激素的量也没有变化。停止注射后1到3个月，雄鼠又具备了生殖能力，出生的幼鼠也没有异常。这种药物没有副作用，停止用药后药效会消失。当然，要运用到人类身上还有很长一段路要走，但其结果十分值得期待。要说当中存在问题的话，那就是不能即时生效。人类的精子需要70天才能生成，想要避孕的话需要在很长时间以前开始用药。若当晚就要避孕，那是不可能的。

　　可是仔细想来，生命的进化史就是无止境地进行繁殖和增殖，现如今人类却要寻找有效抑制这一进程的方法。只能说这是过度增殖的生物的悖论吧。

女性到底还是在讴歌长寿

前东京知事石原慎太郎[1]曾经说过，文明所带来的最有害的东西就是"老妖婆"，"女性丧失生育能力后就是无用之物"，这引起了不小的骚动。这就是大家所说的"老妖婆言论"。

女性在过了生育年龄之后的确还会活很长一段时间。这放在生物学上应该怎么解释呢？为了回答这个问题，我提出了"老奶奶假说"。

---

1. 石原慎太郎（1932—）：日本政治人物、小说家、画家。

生物学上，生物现有的存在方式都有某种合理性。所谓合理性，就是有利于生物生存。所以在生物身上是没有"无用的部分"的。如果出现了那样的部分，那么那个部分迟早会被淘汰掉。所以女性就算没有了生育能力还是能活很久，我认为这当中存在着合理性，这就是我的"老奶奶假说"。

生物繁衍后代的战略大致可以分为两类。一种方法是尽最快的速度、尽可能多地繁衍后代。就像有的鱼，产下数万枚卵后就死去。

另一种方法是尽力悉心呵护产下的后代，将其养大。这样一来就不能一次性产下很多个后代，育儿要花费功夫，在此期间还无法轻易地产下另一个后代。

到底哪种方法更高明，这不能一概而论。产下的数万枚鱼卵里只有几枚能长为成鱼。另一方面，竭尽全力育儿，一辈子也只能养育几个后代。

再进一步思考。

产下大量的卵，但要以此延续后代全得指望概率，出生的后代只能听天由命。而呵护型的育儿战略又如何呢？育儿工作麻烦且耗时耗力，后代不能很快独当一面。这也就是关键的一点：父母要保护孩子成长到什么时候？

到达生育年龄？现代社会中，就算身体成熟了心智还是小孩子。到达成年？不，就算子女成年，那之后什么都不做的话还是不能传宗接代。所以最保险的办法就是等到子女成年、结婚、生下下一代。父母看到孙辈的诞生才能放下心来。

也就是说，采用呵护型战略的每一代生物，不仅要产下下一代，还要照顾再下一代，这样才算是完成了工作。薪火相承，这样才有了生命的谱系。也是因为这样才会有老奶奶和老爷爷存在。这就是我的"老奶奶假说"。

如何？虽然不可能知道我的假说，但安倍政权一个接一个地施行对孙辈教育费用的补助还有财产的赠予，从生物学的角度来看或许是合理的。

第四章

生命的秩序和混沌

大家还记得六角恐龙吗？它们是在水中缓慢游动的不可思议的生物，大大的脑袋，圆溜溜的黑色眼睛，雪白的身体上长着小小的手脚，小巧的嘴看起来像在微笑。

六角恐龙其实是原产于墨西哥的两栖类动物，和青蛙、蝾螈属于同一类。在日本，它们因为出现在广告上所以小有名气。它的原名叫钝口螈（Axolotl），或者墨西哥蜥蜴，头部的造型让它颇受欢迎。

六角恐龙最大的特征，就是头两侧长有像衣服上荷叶边一样的突起物，总是随波摇动，那其实是鳃。六角恐龙就算长大也要依靠鳃在水中呼吸，这是它与青蛙和蝾螈这些普通的两栖类动物的不同之处。

两栖类在水中产卵，卵孵化出来就是蝌蚪。蝌蚪生活在水中，和鱼一样用鳃呼吸。所谓鳃，就是其中分布着网状血管的梳子形状一样的组织。水从这些"梳齿"之间穿过，其中的氧气就被汲取到血液中，鳃呼吸就是这样一种呼吸方式。

出生后，蝌蚪会一点点改变形态，这就是"变态"。它们会长出脚、长出手，如果要变成青蛙，尾巴还会变短。两栖类最大的改变就是从鳃呼吸切换为肺呼吸。它们的鳃会消失，然后长出肺，这样就能够吸取空气中的氧气。如此这般，它们就能到陆地上生活了。身为蝌蚪的时候，它们还老老实实地当草食动物，长大成为青蛙后就变得具有攻击性，会捕食一些虫子和小鱼。

同为两栖类的六角恐龙是一个特例。它们不会从鳃呼吸切换为肺呼吸，长大后还留有蝌蚪的样貌。正因为这样才会让人感觉稚嫩可爱。相应地，它们不会到陆地上生活，一生都生活在水中。

现在我们还不知道它们为什么会选择这种生活方式。可能是在从幼体变态成为成体的过程中发生了变异，激素分泌不足；也可能因为像这样继续生活在水中，更有利于在墨西哥寒冷的高原生存。

六角恐龙广受生物学界人士的关注，因为它们具有极高的身体再生能力。就算手脚被切断，经过两周左右又能长出新的来。人类还处在分化过程中的胚胎状态时，细胞拥有能分化为任何一种身体细胞的可能性。后来这些细胞会渐渐地各司其职，变成各脏器和组织。这就是分化。一旦分化，细胞就不能成为其他脏器或组织。这就像是从事的工作越专业，越难转行做其他行业一样。

人如果失去了手脚就不能再长出新的来，为什么在六角恐龙身上这就成为了可能呢？它们身上留有幼年时期样貌的同时，也留存有未分化的干细胞。现在再生医疗领域备受瞩目的 ES 细胞和 iPS 细胞也是干细胞，六角恐龙体内存在着很多这些细胞。肢体缺失时，干细胞会再次开始分化。令人惊讶的是，六角恐龙的大脑也能再生。

大脑被换掉后，个体究竟算是谁呢？但六角恐龙还是会若无其事地生活下去。

　　大家都知道花子吗？那是一头被饲养在井之头自然文化园的雌性亚洲象，战争结束后没多久它就来到了日本。

　　花子生于 1947 年，2013 年的元旦 66 岁，打破了神户的王子动物园的诹访子（1943 年—2008 年 4 月）的记录，成为了日本国内饲养的最长寿的大象。

　　我也去井之头公园见过花子。顺便一提，对于喜欢生物的人来说，这里的自然文化园值得一逛。清静的动物园里，在与自然相近的环境中饲养着濒临灭绝的对马山猫（译者注：Prionailurus Bengalensis Euptilurus），这里有松鼠园和住着热带鸟类的温室，还有我喜欢的两栖类和鱼类的主题区。这里面朝广阔的井之头池，水面吹来的风让人感觉十分舒适，还有情侣泛舟其上。

说回花子。大象的平均寿命有 50 岁至 60 岁，所以它已经是个老年人了。我见到它的时候，它待在象舍的一角一动不动，牙齿已经完全脱落了，所以就吃些香蕉和苹果捣碎后做成的流食。因为它的身体情况和食欲都不稳定，所以负责照顾它的饲养员无微不至地关爱着它（可以在自然文化园的网站上查看花子的日常近况）。

看到大象总会觉得安心，这是因为它们脚踏实地、悠然自得吧。我们对大象所抱有的不可思议的感情究竟来源于何处？

日本人从前就十分喜欢大象。当然，日本原本没有大象。日本人的大象热是江户时代兴起的。

1728 年 6 月，一雄一雌两头大象抵达了长崎。那是时任八代将军的德川吉宗[1]购买的，它们从越南乘坐中国的船只千里迢迢来到了日本，然后暂时驯养在了长崎。很遗憾，那期间雌象就死了。

1729年3月，剩下的那头雄性白象终于被运到了江户。它是步行过去的，在饲养人员的陪同下，大象晃动着重达三吨的身体，甩动着长长的鼻子开始缓慢地行进。为了一睹大象的风采，沿路的市镇的人们都忙开了。将军的大象要是有个三长两短就糟糕了，清扫道路、准备食物和饮用水、加固桥梁，这些措施紧锣密鼓地施行着。

4月，大象和饲养者一行人抵达京都。人们决定将大象展示给中御门天皇[2]。要面见天皇，就必须有位阶，所以大象就被赋予了"广南从四位白象"的名位。顺便一提，这里的"广南"是指大象出生的故乡，

---

1. 德川吉宗（1684—1751）：江户幕府第八代征夷大将军，1716年至1745年在位。
2. 中御门天皇（1701—1737）：日本第114代天皇，在位时间为1709年至1735年。

越南。

在我的设想里，当时为之狂热的京都孩童里或许有那么一号人物，这个人就是天马行空的绘师——伊藤若冲[1]。1716 年出生的他时年 13 岁。巨象肯定给他留下了深刻的印象。那之后，若冲以神秘的白象为主题创作了许多杰作。最近发现的是他晚年时的大作——大象和鲸鱼的屏风图。

过了箱根的关卡，大象在 80 天走完了 1200 公里的路程，安全抵达了江户，被吉宗安排饲养到了滨御殿（现在的滨离宫）。

距今两百万年前，最早的人类在非洲从树木上来到了地面开始生活，那时大象已经生活在草原上了。大象的社会是母系社会，雌性聚集成一个集团养育后代。为了人类这个新邻居，大象很干脆地腾出了地点。正是因为这样，我们现在才会对大象抱有感谢和亲近的感情。

---

1. 伊藤若冲（1716—1800）：日本江户时期画家，号斗米庵，据说凡求画者，酬米一斗。

海鱼获得淡水的方法

你有没有听过这样的事：船只卷入风暴沉没，生还者被冲入海中抓着木块开始漂流，他们又渴又饿，徘徊在生死边缘，最终绝望之时，天气骤然转阴，降下了倾盆大雨，这才没了性命之虞……

周围是汪洋大海却得不到淡水，真是讽刺。海水中大约含有3.5％的盐分，而与此相对的，注满生物细胞之中的体液或血液中含盐分约0.9％。这被称为生理盐水，盐浓度适合生命活动，点滴液也被调整成这个浓度。

如果喝下海水会发生什么？海水中盐分的浓度比细胞中的高，所以会产生一种作用力，这种力会让两者的盐分浓度差相等，细胞中的水分会穿过细胞膜，被吸出细胞。如果一直如此，细胞里的水分不足就会萎缩，最终死亡。这就是渗透压原理，用撒盐的方法来杀死鼻涕虫利用的也是这一原理。鼻涕虫并没有被溶解然后消失掉，而是水分被吸出细胞之后萎缩了。

　　生物的存活都必须要有水，生活在海里的鱼当然也不能不喝水。但它们身边全部是盐分浓度3.5％的海水，海鱼为了获得淡水创造出了一个特殊的方法。这种机制就是：首先将海水直接吸入细胞，然后仅将盐分排出。

　　负责这项工作的是鱼鳃里的盐细胞。这种细胞的细胞膜里有一种叫离子通道的微型泵，总是马力全开地将海水中的盐分吸收并排到鱼体外。海鱼就是用这种抵补的方法获得淡水的。

　　有些鱼类往来于河流和大海之间，比如逆流而上去河流上游产卵的鲑鱼，还有与鲑鱼正相反、沿流而下到大海里产卵的鳗鱼等，这些鱼的盐细胞很灵活，既能适应淡水，也能适应海水。

有些一生都生活在淡水中的鱼类也具备在海水中生存的能力。归根结底，鱼类本是在大海里诞生的，后来它们进入湖中，最终留在了那里，成为淡水鱼。

因为溪钓而为人所知的虹鳟鱼虽然是淡水鱼，但是在海水中也能饲养。而且，如果在海水中生长，它们最终会成长得体型巨大。淡水中的虹鳟鱼能在3至4年长到40厘米，而将一开始在淡水中长大的个体拿到海水中，它就会继续长到1米。这是为什么呢？

这一切的关键在于盐细胞。虹鳟鱼被从淡水中移到海水中后，其盐细胞必须全力运转，离子通道也不得不增强配备。像这样的细胞活化和蛋白质的增产，是由生长激素促进的。也就是说，为了适应海水，被放到海水中的虹鳟鱼的身体会分泌大量生长激素。生长激素不仅会促进盐细胞的生长，还会加快全身细胞的增殖，这就使得虹鳟鱼长大。

现在，利用这一点进行的虹鳟鱼海水养殖已经成为一大产业。用这种方法养出来的大型虹鳟鱼在市场上被叫做金鳟（Oncorhynchus Mykiss）。我们在旋转寿司店吃到的廉价"三文鱼"其实是在海中饲养的巨大化虹鳟鱼。

肝刺身颜色的真面目

　　肝，也就是动物的肝脏，和其他部位的肉在味道、口感还有颜色上都不同，这是为什么呢？用显微镜观察肝脏，视线内全是密密麻麻的细胞，基本看不到支撑脏器构造的肌肉和肌腱一类的组织。所以肝很柔软，不管从哪个方向下口都易于嚼碎。

　　再仔细观察肝脏的细胞就能发现，其内部就像扁面条（译者注：一种名古屋特产）一样交叠在一起，这是被称为内质网膜的细胞内构造。内质网膜是细胞里的工厂，这层膜上附着着各种各样的酶，营养物质

的代谢、酒精的分解、脂肪的合成和分解、解毒等等
工作都在这里进行。内质网膜由脂肪和蛋白质构成。
人类进化成感觉脂肪和蛋白质的组合很美味。雪花肉
是如此，金枪鱼的大鱼腩也是如此。高热量、高蛋白
的的食材具有很高的营养价值，吃起来自然美味。肝
脏的细胞内布满了内质网膜，要说的话，这些细胞装
的就是微型的"刺身"（肥肉）。

　　肝脏还是能量的生产据点。从消化道吸收来的营
养首先会被送入肝脏，在这里燃烧产生能量。能量会
暂时储存在一种叫作 ATP（三磷酸腺苷）的化合物之
中，然后随着血液循环分配到全身。ATP 是由细胞内
的一种被叫做线粒体的粒子所生产出来的。肝脏的细
胞里满是线粒体，而线粒体的代谢过程需要铁离子。
所以线粒体是铁的颜色，也就是褐色。肝脏独具特色
的颜色就是由此而来的（任何细胞里都有线粒体，但
是没有肝细胞里那么多，普通细胞再怎么看都是透明
的）。

　　现在来说一件不上台面的事。大便为什么是大便

色的呢？猫也好狗也罢，或者动物园里的其他动物也好，它们的大便基本上都是那样的颜色，这其实也和肝脏有关。大便原本是血一样的红色，血的红色源于运送氧气的血红蛋白里的血红素的颜色。构成我们身体的物质在不断地被合成和分解，形成一种动态平衡。血液不断被制造出来，同时又被不断破坏并被丢弃掉，负责分解工作的就是肝脏。血红素在肝脏被代谢后转变为一种叫胆红素的易溶于水的褐色物质，这种物质顺着肝脏里细胞之间的狭窄的"下水道"排出来，再经由胆囊和胆管，最后被排到消化道里。这就是大便颜色的来源。

反过来说，如果出现了大便不是大便颜色的情况（比如白色之类），那就暗示着胆管阻塞了，或者是肝功能出现了问题。每天都留心观察一下吧。

2012年7月后肝脏刺身被禁，这一事件也和肝脏的这一机能有关。牛的肠道内存在着大肠杆菌O157，在少数情况下，这些细菌会沿着胆管逆行而上到达肝脏内部，而禁止食用肝刺身就是应对这一风险的对策。

吃肝脏刺身原本是个别地区的、个人的饮食文化和嗜好，却被纳入行政管制的对象，对此有些人可能会无法接受。然而时至今日，食物不管是生产、流通还是加工都完全脱离了个人，成为了全球化和统一化的东西并加以规定措施。面对相应的风险，我们必须有慎重的预防原则。现代人的食物已经十分的大众化。而且肝的微型刺身，经过烤制也别有一番风味。

肝脏是脏器中的大家长

　　很多读者应该都喜欢吃肝脏，所以继前篇之后，我再来说一说肝脏。肝脏之所以拥有独特的口感、气味和味道，是因为它是生命体代谢的中心脏器，蛋白质和脂肪像法式千层酥一样层层叠叠，这里在合成糖和氨基酸的同时，还要分解血液成分。

　　蛋白质和碳水化合物原本并没有味道，开始被分解时，其中的味道成分才会释放出来。恐怕在进化的过程中，我们的祖先在觅食中学会了感知猎物受伤虚弱，或濒死而动作迟缓时身上飘出的氨基酸和糖分的味道，并以此为线索获取猎物的技能，因此也会觉得带有这种味道的食物"很好吃"。所以鲜肉和刺身要放一小段时间才会达到最佳口感。

肝脏随时都处于分解和合成的中心，任何时候的口感都是最佳。不止是牛、猪、鸡，鱼类的肝脏也很珍贵，比如鮟鱇鱼肝。禽类中的肝脏中，鹅肝也是特别的食材。

顺便一提，大家非常喜欢的"蟹黄"是蟹的大脑吗？错了，蟹黄自有独特的口感、气味和味道，那是螃蟹的肝脏（正确地说，应该是拥有肝脏和胰脏机能的脏器。无脊椎动物还没有完全分化）。

别光顾着看其他动物的肝脏，也来看看我们自己的肝脏吧。肝脏是人体内最大器官，大约有 1 到 1. 5 公斤重，是脏器中的大家长一样的存在，最先"动筷"、最先"泡澡"，这些都是肝脏的特权。我们摄取的食物在消化道被消化、吸收，被吸收掉的营养物质会进入像网眼一样围绕着消化道的细小血管中，那些血管逐渐合成一根，变成较粗的血管。这些富含营养物质的血液穿过的血管被称为门静脉，它与肝脏的入口相连。也就是说，肝脏能在第一时间将摄取到身体中的营养物质几乎全部占为己有。肝脏用营养物质制造热能量，这就是体温的源泉。这些热量温暖了血液，再被分配到全身。肝脏不仅第一个"泡澡"，还认真地"烧了洗澡水"。

另一方面，肝脏也制造出各种各样的资源和材料。体检的时候，血常规要检测 GOT 和 GPT，这些数值就是肝脏的代谢酶。这些酶本来是在肝脏内部工作的。暴饮暴食后肝脏会过度工作，酒精会伤害到肝，令一些干细胞损坏，其内部的酶就会泄露到血液中。这就是肝功能指标。

肝脏制造出能量，合成必要的物质，还要储存多余的营养物质，将它们变为糖原和脂肪。

肝脏作为营养物质的最优先使用者就是这样工作的，之后它再把剩余的营养物质交给其他脏器和组织。进入肝脏的血管是动脉，出肝脏的血管是静脉。静脉接下来通向哪里？那就是肝脏隔壁的胰脏，所以胰脏会得到肝脏用剩下的东西。这里出现了关键点：胰脏里散布着世界上最小的"岛"——朗格汉斯岛（即胰岛）。朗格汉斯岛的角色是监控血糖，如果血糖值突然上升的话，就说明摄入的营养物质过多以至于肝脏用不完。无奈之下，朗格汉斯岛就会分泌胰岛素向全身发出指令，将多余的血糖转变为体脂，这样人就会变胖。食用肝脏虽好，但首先还是对自己的肝好一点吧。

珍珠诞生的精妙顺序

　　2012年6月，维米尔的名作《戴珍珠耳环的少女》和《戴珍珠项链的女人》两幅画作来到了日本（"莫瑞泰斯皇家美术馆展"和"柏林国家美术馆展"）。耳环和项链，两幅画里都出现了相同的主题——珍珠。

　　前者描绘的是裹着鲜艳的蓝色头巾、身穿褐色古代服饰的少女，她看起来有些紧张，但目光热切，作者将这个瞬间描绘了下来。少女的耳垂上那颗泪珠形的巨大的珍珠光彩夺目，射到珍珠表面又被反射到领口的光线也被写实地描绘了下来。观者皆被其吸引，最终为她的目光而倾倒。这可以说是维米尔最富盛名的画作。

再来看另一幅作品，一名披着宽松黄色礼服的少女用一双纤纤玉手拿起一串闪闪发光的珍珠，正欲系到脖子上。她像是被挂在墙上的镜子中的自己迷住了一样。她的嘴角，让人看了只觉得下一秒就要露出微笑。她面前的桌子上盖着深蓝色的布，那块布下的阴影里似乎潜藏着什么东西。这也是一幅满是谜团的杰作。

那么，珍珠究竟是什么呢？它是一种宝石，也就是"石头"，却和钻石、水晶这些天然矿物质的出处不同。珍珠是生命活动所生产出的生物材料，主要成分是碳酸钙。在某种意义上，那和生成于我们身体内的石头——肾结石和胆结石是一样的，但珍珠的形成又有其精妙的步骤。

珍珠是被特别的贝类所制造出来的，这些贝类名叫马氏珠母贝、白蝶贝和黑蝶贝。贝类虽然和乌贼、章鱼同样属于软体动物，但是它们有用来抵御敌人的坚硬贝壳。贝壳的成分是碳酸钙，由包裹在贝类身体上的一种叫外套膜的组织的分泌物不断积累所形成。贝壳内侧与柔软的身体相接，为了防止异物和寄生虫的进入，贝类对这层壳做了处理，让它严严实实地覆盖上一层光滑的物质，这就是珍珠层，一种拥有法式千层酥一样构造的物质。碳酸钙层之间还铺有一层贝壳硬蛋白，这层蛋白质起到了黏合剂的作用，它将两层碳酸钙牢牢地粘到了一起。这种多层构造就是珍珠泛着特殊光泽的原因。射到珍珠表面的光线会到达深度不同的层，然后被反射出来。反射光互相影响，这就让珍珠发出了神秘的、像是彩虹一样的光泽。这就是珠光（orient）效果。

珍珠自古就很贵重，但大多数天然珍珠要么形状不规则，要么只在贝壳内形成了半球形。珍贵的圆形珍珠在大众中普及，是珍珠的养殖技术被开发出来之后的事了。珍珠是这样被养殖出来的：首先从贝壳上削出作为珠核的球，再用切取下来的外套膜碎片将珠核包起来，然后将之埋入其它贝的体内。接下来，珠核周围就会形成外套膜细胞的细胞层，珍珠层的积累过程就开始了。如果包得不好就不会变成珍珠。其他贝类的外套膜的一部分被放入了壳中，贝壳就出现了排异反应。利用贝壳制造出浑圆漂亮的珍珠，这项技术成了日本人的一大技艺。

维米尔的画上那样大颗的珍珠应该价值不菲吧。特蕾西·雪佛兰的小说里写道，为了画这幅画，维米尔瞒着妻子将珍珠从宝箱里拿了出来。我们视线不可及的模特的另一只耳朵上应该也戴了耳环吧。画上精妙的平衡就是建立在其上的。

有没有人这么问过你。

"我在节食的时候突然想起一件事，为什么魔芋是 0 卡路里呢？"

对任何事都提出质疑很重要，科学就是从这里起步的。仔细想想的确不可思议。魔芋糕是用魔芋做的。同样是芋头，土豆和红薯就是高热量食材，它们都是植物的贮藏组织，但只有魔芋没有热量，这就很奇怪。它们到底不同在哪里呢？

大家见过真正的魔芋吗？它就像泥块一样不成形，

颜色也是灰蒙蒙的。写作英语的话就是 elephant foot（象脚）或者 devil's tongue（恶魔的舌头），这么说你就会明白了，它看上去肯定不好吃。用菜刀切开后，魔芋的断面呈现白色，如果生吃一口，嘴里就会感到一阵刺激，还会尝到苦涩的味道，无论如何都不是能下咽的东西。因为里面含有大量的具有刺激性的物质——草酸。

就连爱把农作物翻得一团糟的野猪也不会吃魔芋。

要让魔芋变得可以食用，必须要经过特殊工序处理。先将魔芋擦成泥，放入锅中加水加热。然后加入少量凝固剂，迅速倒入模具让它成形。再用大量热水充分焯洗，这样才能将草酸和凝固剂去除掉，做成美味的魔芋糕。

凝固剂是氢氧化钙和草木灰水一类的碱性成分。魔芋的主要成分是一种叫葡甘露聚糖的纤维状糖，它们在魔芋内部紧紧地结合在一起，但遇到水再加热的话，葡甘露聚糖之间的结合就会松开。这时再加入碱性物质，纤维分子就会重新和氢原子结合，整个就会变成贮藏着水分子的网状构造。葡甘露聚糖是植物的一种重要的糖分贮藏形态，但人无法对其加以利用，因为我们没有消化它的酶，所以就算吃下去也只是从胃和肠道里通过而已。所以魔芋才会成为减肥食物。顺便一提，土豆和红薯里贮藏的糖类形态（淀粉）是人类能够消化的。

最早想到这么吃魔芋的人真是值得称赞。魔芋原产于印度和中南半岛，平安时代（794 年—1192 年）以前就传到了日本，第一个吃魔芋的人是谁现在已经无从考证了。有一种观点认为，不管煮还是烤，魔芋都无法下咽，所以烹制它的人生气地将它丢在一边不再理会，后来偶然间灰落到了锅里，魔芋凝固了，人们这才发现了这种吃法。

魔芋的特点就在于柔软且富有弹性的口感。关东煮和寿喜烧里都少不了它，刺身里也会出现魔芋丝那样的线状的魔芋糕。它的颜色也会随着鱼头的皮还有之后加入的羊栖菜和绿海苔的量而变化。近江八幡特产——红魔芋就是以可食用的铁来染色，乍看之下很像新鲜肝脏。据说那是喜欢高调行事的织田信长[1]发明的。魔芋一旦成形，再怎样用水泡都不会变长或者变大。最近，这一特点使它成了制作罐装拉面的重要材料。

拥有柔软的构造，却不会因为被过度冲洗而改变形状，而且不管怎么搭配，它都十分宽容，能接纳其他食材的味道。我要向魔芋学习。

为了防止大家有所误解，最后我要再说一点，魔芋里除了葡甘露聚糖之外还含有其他营养成分，虽然是低热量食材，但并不是 0 卡路里。

---

1. 织田信长（1534—1582）：日本战国时代到安土桃山时代的大名、天下人，"日本战国三杰"之一。

蚊子非常精致的饮食

　　容易被蚊子咬和血型有关，这种说法没什么可信度。血型是由红细胞表面的糖链结构决定的。蚊子在叮咬前就判断出血型从而选择喜欢的目标，怎么想都不可能。研究表明，蚊子在搜寻猎物的时候依靠的是视觉、嗅觉还有温度等，其中最主要的是通过二氧化碳引导的嗅觉。空气中的二氧化碳浓度大约是 0.04％，我们呼出的气体中却含有 4％。蚊子就是循着这股气味接近人类的。

　　蚊子还能感知到汗液中散发出来的乳酸和短链脂

肪酸的味道。人类的汗液本是没有味道的，但存在于皮肤表面的细菌会利用汗液中的成分进行代谢，将其变为会散发气味的物质。这也就是所谓的"袜子臭"。实际上，蚊子就是瞄准了脚而来的。有汗臭的人也容易被蚊子咬。

蚊子的触角上还有能感知热源的温度探测器，这让它一定能落到人们的皮肤上。我认为这就是体温高的人、新陈代谢旺盛的孩子容易被蚊子咬的原因。

温度探测器恐怕还能在皮肤上探知到毛细血管的位置，这让蚊子能找出温暖的血液流动的地方。

蚊子的口器精巧得让人称奇。那并不单纯是一根像注射针头一样的中空吸管，而是由七个部分构成。最外面是起到保护作用的鞘，里面收纳着一对带锯齿的细手术刀还有一对小刀，这些部分都各自被独立的肌肉牵动，交互工作切开皮肤，往深处发掘。而且这一过程中，它还会巧妙地避开神经，在不让目标产生痛觉的情况下在皮肤上开一个洞，然后向洞中插入注射唾液的细管。蚊子的唾液中含有不让血液凝固的成分，它们最终会将管子刺入毛细血管吸取血液。吸血管的前端可能由感知温度和血的味道的信号接收器，蚊子就是依此来找到毛细血管。

蚊子在几秒内就能完成这一连串的操作。吸血管的内径大约 10 微米至 30 微米，人类红细胞的直径有 7.5 微米，所以红细胞就会一个个地顺着管子被吸出来。顺便一提，金属注射器的针管就算再细，直径也有 750 微米，由此便能知道蚊子的针管有多细了。如此纤细的管道若在吸血的过程中堵住，那麻烦可就大了，所以蚊子才会注入防止血液凝固的成分。

另一方面，这种抗凝血物质对人体来说是一种过敏物质，人体的免疫系统要对此作出反应还需要一段时间。所以我们在被蚊子咬了之后一会儿才会突然感到痒。

我们在用吸管喝果汁的时候，会使用到肺的力量（吸气），但是蚊子没有肺，吸血管连接的部分有多段带状的空间和较细的部分连接在一起的结构。较细的部分起到了阀门的作用，将这里关闭再将袋子扩张，借此通过水泵的原理将血吸出来。按照顺序进行完这些动作后，血就被送到了消化道里。蚊子吸血是为了获得产卵所必须的营养，也就是说，只有在产卵期的雌蚊子才会吸血。雄蚊子和非产卵期的雌蚊子吸食植物的汁液，所以雄蚊子的口器相较于雌蚊子的构造更简单。蚊子也是相当拼命的。

让一动不动的蜥蜴

看过来的诀窍

　　说到"信息"，你脑海里浮现的会是存储在网络空间里的庞大信息吧，准确来说那应该是数据存档（书库）。对于大多数生物来说，被称为"信息"的东西，是引起某种反应所必须的"刺激"，那并不是信息本身，而是对信息量变化的知觉。

　　比如视觉。动物园里有爬虫类生物馆之类的地方，我很喜欢蛇和蜥蜴，所以经常去那里观赏，大多数情况下，它们在玻璃橱窗的另一边一动不动，就像死了一样。来到橱窗前的孩子们会看上一会儿，但是因为它们没什么反应，所以很快就走开了。对蛇和蜥蜴来说，周围的景象并不是值得注意的信息，那里只有一定量的光线。所以，就算明暗不一，但是就如字面意思一样，那只不过是背景。

对爬虫类来说，信息就是动作，而且还是很快的动作。光的点（或者是影子）的快速变化会成为视觉信息，那是它们的食物——虫子在飞行，或者是空中落下的鸟的影子。它们对那样的变化量的反应极其敏感。

让我来教你如何让爬虫类生物馆里一动不动的蜥蜴看过来的技巧吧：那就是将手指在它们眼前迅速摆动。那样一来，蜥蜴会猛地作出反应，将三角形的头转过来追寻运动的手指。

反过来说，如果信息量增加了，但之后维持那个量，那就不能再成为信息了。很典型的例子就是嗅觉。我们会有这样的经历，乘出租车的时候我们会觉得"哇，好难闻"，但过一段时间之后就闻不到那股味道了。这也说明，对生物来说信息就是变化本身。

夏天一接近尾声，比起蝼蛄，我们更常听到的是寒蝉的叫声；比起蝉鸣，蟋蟀急促的叫声更胜一筹。一般来说，昆虫和植物都对季节的变化很敏感，它们能觉察到细微的变化。虽然我们觉得天气还很热，但它们感知到的天气信息并不是每天的最高气温和平均气温。它们感知的恐怕是白天和夜晚的气温变化量（昼夜温差）。

夏末的天气情况会突然变得不稳定，有台风，也有突然的降雨。这也是季节交替的线索。

这让我想起了维瓦尔第[1]的《四季》，无论哪个季节都很精彩，但我最喜欢的还是夏天结束的那一个乐章。那之前的旋律都很优雅，到了这里突然变了，很短的时间内，速度和强度都激荡起伏。

我在与这首《四季》有很深渊源的威尼斯的皮耶塔孤儿院（译者注：Ospedale della Pietà）听过现场的演奏。乐队的所有成员都站着演奏，他们的动作幅度

---

1. 安东尼奥·卢奇奥·维瓦尔第（1678—1741）：意大利巴洛克音乐作曲家、小提琴演奏家。

很大，前后摇晃着身体，看上去非常豪爽欢快。那是街头演奏，全曲终了后四周的掌声不绝于耳。应听众的希望，乐队又演奏了一首曲子，那首曲子居然是"夏天"的最后一章。他们也认为这里是全曲的精彩之处呢。

顺便一提，《四季》是从春天开始的。我们虽然学习欧美在秋天举行开学仪式，但在精神史上，"一年之计在于春"才更为自然吧。

2012 年秋，iPS 细胞的"首次临床应用"这一错误报道闹出了不小的动静，比起制作出 iPS 细胞的山中伸弥[1]，森口尚史[2] 因为被认为进行了临床应用而成了话题人物。暂且不提此事，我们人类是多细胞生物，细胞各司其职，构成一个个体。大脑由神经细胞构成，

1. 山中伸弥（1962—）：2012 年诺贝尔生理学或医学奖得主，日本京都大学 iPS 细胞研究所所长。
2. 森口尚史（1964—）：前日本研究人员，2012 年号称在美国六次成功实施心脏 iPS 手术，后被证明是造假，成为一大科学丑闻。

皮肤是上皮细胞，内脏有肝细胞和心肌细胞等等，这些细胞都在默默无闻地工作着。人的身体里大约有200种细胞，总数大约为60兆个。但是，若归根溯源，各种各样细胞的起点都是同一个受精卵。

卵子和精子合二为一后，程序就开始运行。一个受精卵会分裂成2个、4个、8个、16个、32个……它会不断进行分裂、增殖。所有细胞都分到了复制而来的DNA，所以基本上构成身体的所有细胞里的DNA都与受精卵中的DNA所携带的信息相同。

然而，最初看起来一样的细胞，渐渐地就开始有了个性。有的细胞会走上成为神经的路，有的会成为皮肤，还有的会成为肌肉或者肝脏细胞。细胞的形状和能力也会变得不同。这就是细胞的分化。如前所述，这期间，DNA只是单纯重复着复制，DNA本身不会被改写，也不会被编辑。为什么会产生这样的分化呢？

这曾经是生物学界最大的谜团，但我们渐渐地明白了其中的各种原理。DNA上写有两万数千多种基因，但是细胞并不会对全部的信息加以使用，只有使用大约五分之一到三分之一（也就是几千种基因）的程度。这里的"使用"，即特指的基因的开关处于开启状态，其他基因的开关处于关闭状态。处于开启状态的基因会进行蛋白质的制作，那就是它在工作。各基因的开关模式因细胞而异，这就是细胞分化实质。在大脑中，负责发送和接收信号的基因开启，肝脏则处于关闭状态。取而代之的是，肝脏会开启分解有毒物质的酶的开关。

开关的开启和关闭是怎么样的呢？那是根据 DNA 的折叠方式（经常使用的部位是解开的）的差异，还有 DNA 结合蛋白质的脱落，或者是附在 DNA 上的很小的标识化合物（甲基等）的有无来控制开关的。换言之，同一本书在不同的读者手中，被贴上便笺的页码不一样，被划线的字词也不一样。一旦开关的模式确定下来，就不能回到原本的状态了。就像一旦踏上了成为专家的路，随着职业经验的积累，就不能再回到上班前的学生状态了。

话又说回来，2006 年，山中博士的团队指出，只要对基因进行细微的操作，就能重置分化后的细胞的开关。就像将贴在书里的便笺和笔记都消除，就能够把书变得和新的一样。这样一来，专家就能再次变回还在寻找自我的青年，这就是 iPS 细胞。这项研究成果十分惊人，山中博士因此获得了诺贝尔奖。

iPS 细胞可以分化成任何一种组织，它就像将来有无限可能的年轻人一样。不过对于其临床应用，研究者态度谨慎也是有原因的：未分化的 iPS 细胞忘记了分化、寻找自我，这一刻它就成了"脱分化细胞"，和癌细胞很相似。森口果然做得太超前了。

利用 iPS 细胞治疗心脏病患者，世界首次 iPS 细胞的临床应用取得了成功——森口尚史的这一新闻震惊了世界。之后他的研究和经历曝出了大量质疑的声音，但他还是坚称成功地治愈了一例病患。

森口进行的所谓"临床应用"是怎么一回事呢。试着对此加以想象是有意义的。

山中伸弥是仿照某种细胞而制造出的 iPS 细胞，那就是 ES 细胞。我先来介绍一下：精子和卵子结合形成受精卵，之后受精卵开始分裂、增殖，然后形成一团叫早期胚的细胞。这个时候细胞之间进行着信息交换，它们会决定各自将来要细分为什么细胞，然后再走上那条道路。这就是细胞的分化。作为多细胞生物的人类的身体就是这样被制造出来的。

在早期胚的阶段，将聚在一起的细胞分开又会怎样？就算具备温度、氧气、营养这些条件，孤立的细胞也不能存活下去。细胞没有同伴就无法生存。虽然不是金八老师[1]，但细胞要紧挨着发生相互作用后才会决定分化的方向，所以被分开的话就会失去自我。

如果分离的时机恰当、细胞的培养具备微妙的条件的话，有极少的细胞不会消亡，而是继续生存下去，并且保持未分化的状态进行分裂。也就是说，它们拥有将来能成为任何细胞的潜在能力，因为没有能相互商量的同伴，所以就成了永远都在"寻找自我"的细胞，这就是 ES 细胞（Embryonic Stem = 胚胎干）。给予适合的条件，ES 细胞就会开始分化。作为再生医疗

1. 日本电视剧《3 年 B 组金八先生》的主角，被誉为"国民教师"。此处以金八老师团结学生为比喻，形容人和细胞一样不可孤立。

172

的王牌，ES细胞备受瞩目，发现者马丁·埃文斯[1]博士等人（还有其他两人）在2007年获得了诺贝尔生理学或医学奖。

使用ES细胞存在着无法回避的问题。一个是要获得这种细胞，就必须破坏早期胚。早期胚是人类的一个生命进程，如果将其终止就会存在伦理上的问题。另一个就是免疫，就算ES细胞能生成组织和脏器细胞，但如果要将它移植到新的受体内，就和器官移植一样，肯定会出现排异反应，所以必须降低受体免疫力。在这一点上，iPS细胞具有划时代的意义。因为这是将皮肤细胞之类的、受体自己的细胞初始化后得到的，就没有破坏胚胎的必要，也不需要担心排异反应。

不管是iPS细胞还是ES细胞，未来都存在共同的问题，首先是如何诱导它们成为想要分化的那种细胞。分化的方向本来是通过细胞之间相互作用而决定的，所以在试管内进行人为控制十分困难。森口所发表的

---

1. 马丁·埃文斯（1941—）：英国科学家，卡迪夫大学教授、校长。

文章中并没有明确关键的一点，即他是在什么样的条件下将 iPS 细胞制作成心肌细胞的。这些细胞今后还可能分化失败、失去控制；不经过分化只进行增殖的细胞，那就是癌细胞。对于癌变的担忧是细胞治疗中存在的最大安全隐患。

　　此外还存在着其他层面上的问题，那就是细胞工作的"场所"。多细胞生物身体中的单个细胞和前后、左右、上下维持着关系，承担着自己的任务。早期胚形成时，这样的"场所"就出现了，并且随着时间的推移，这些"场所"的形态都是不可逆的，所以之后再将其他地方制作出来的分化细胞放入已经成型的"场所"，就没那么容易融入其中。换言之，仅仅是将心肌细胞填补起来就能改善心脏病的话，未免把物学想得太简单了。森口的"工作"就是将初期化细胞技术所面临的课题展现在了大家面前。

我们见不到鼹鼠
尸体的原因

　　有很大一部分吉祥物都是动物，当中广为人知的要数鼹鼠（Krtek）了。Krtek 是捷克一部动画片的主角，在捷克语中就是鼹鼠的意思，它长着滚圆的黑色脑袋、可爱的眼睛和红色鼻子，双手大小符合真实鼹鼠。该动画于 1950 年代开始制作，至今仍是捷克的国民吉祥物。在 YouTube 上能看到这部作品。

　　鼹鼠天真善良。有一天，它得知自己的好朋友老鼠病倒了，想去帮助老鼠。猫头鹰告诉它甘菊很好。于是鼹鼠就到原野上找甘菊，但怎么找都找不到——

鼹鼠本就不知道甘菊是什么植物。它询问一路上遇到的动物，大家都只是摇头，鼹鼠哭了。不过它很快又振作了起来，继续踏上寻找甘菊的旅途。

动画片的场景很朴素，动作也很简单，对话里也只出现了打招呼的"你好"和"甘菊"这些单词。根本不像米老鼠和史努比那样能说会道、故事寓意丰富。背景也是怀旧的风格，营造出了温暖的氛围。说起来，德意志民主共和国的人偶剧《小沙人》（译者注：德语为 Sandmännchen，一部德国儿童睡前定格动画电视节目）就是这样，从前共产主义国家的儿童电视节目都是这样的。

不过，大家见过现实中的鼹鼠吗？我想大多数人都没见过活的鼹鼠。我也没见过，只见过一次很小的骸骨。这是有原因的。

其实活的鼹鼠和动画片中的不同，它们并没有朋友，孤独地过着地下生活，警惕心很强，几乎不会出现在地面上。所以要"打地鼠"是不可能的——鼹鼠不会突然从洞穴里钻到地面上来。地面上堆积的土包，也就是所谓的鼹丘，那并不是鼹鼠巢穴的出入口，而是挖地道扒出的土，它们的巢穴完全处于地下。鼹鼠的眼睛已经退化，但它们对气味和震动很敏感，能以很快的速度在地下隧道奔跑，无论前进还是后退都一样身手敏捷。

有趣的是，鼹鼠似乎能够被人工饲养（《鼹鼠博士的鼹鼠的故事》，川田伸一郎著）。而且饲养的地点不是在地下而是空中。将金属网卷起来做成管道，然后组成空中回廊，管道末端做成稍宽的空间，然后给鼹鼠一些落叶，它就会一个劲儿地将树叶带进去，铺好做成巢穴。喂它的食物是蚯蚓和虫子（鼹鼠会啃坏农作物，这种说法是错的）。因为感知不到光线，所以它也可以在空中生活。

鼹鼠的生存状态依然充满谜团。虽然人工饲养取得了成功，但人工状态下还没有成功繁殖的案例。让雄鼠和雌鼠共同生活在空中回廊，它们会打斗起来。野生环境中，小鼹鼠会在入夏前离开巢穴去寻找新的居住地，这个时候它们才会来到地面上。我看到的鼹鼠的尸体，就是运气不佳的年轻个体。

捷克人是否曾经将明天的希望寄托到如此孤独的鼹鼠身上？鼹鼠最终找到了甘菊，甘菊和一年蓬很像，都是会开出漂亮花朵的植物。它马上就将花做成茶水，让老鼠喝了下去。我们身边生存着许多鼹鼠，它们就住在像代代木公园那样的地方。

露天温泉里的猴子
起身的时候不会冷吗

2012 年是维米尔年。维米尔的杰作《戴珍珠耳环的少女》和《戴珍珠项链的女人》两幅作品同时来到了日本。我也借此机会，在银座做了些与银座维米尔中心相衬的东西，把利用数字打印技术重现（这叫作 re-create）的维米尔全部三十七幅作品摆在了一起。出乎预料的是，竟然有 15 万人来馆参观。维米尔的人气令我震惊。下次展示什么好呢？正当这么想着并四处扫视的时候，我想到了葛饰北斋[1]。

维米尔和北斋，这两个人之间到底有什么联系？将他们联系到一起的，就是蓝色。维米尔作品的特征是鲜艳的蓝色，"维米尔蓝"。北斋笔下描绘的红色富士山背景的天空，还有神奈川的巨浪，给人的印象都是浓厚的蓝色，"北斋蓝"。北斋使用的是在当时全新进口的颜料"普鲁士蓝"，创造出了富有动感、层次分明的蓝色，这在江户收到如潮的好评。

为了对北斋进行取材，我来到了长野县的小布施町。北斋在他人生的最后时光，经常不远千里造访这里，创作了多幅大作。有的美术馆和寺院记录了他的足迹。小布施町是一个静谧而有品味的地方，到了那里之后，我发现身边有很多外国游客，耳边时常能听到英语和法语。不愧是北斋，人气也是世界级的。不仅是动漫和手办，日本还有很多值得骄傲的"coolJapan"文化财产。

---

1. 葛饰北斋（1760—1849）：日本江户时代的浮世绘画家。

停车场停着几辆搭载外国人的大巴。我绕到车前面，看到团名的时候吓了一跳。那里的板子上写着的，不正是"snow monkey tour"还有"monkey spa tour"吗！monkey是什么呢？我去问了当地人，他们告诉我，外国人自然是冲着北斋的"big wave"（神奈川海浪）来的，但是还有一件事他们一定要一睹为快，那就是顶着雪泡温泉的日本猴子。

离小布施不远的山里，有个叫"地狱谷野猿公苑"的地方。那里有一个露天温泉，到了这个季节，在银装素裹的背景之中，猴子会聚在一起悠闲地泡温泉，这大受外国人喜爱。几乎所有欧美人都认为猴子是热带地区的动物，但它们居然生存在这种寒冷的地方，这件事本身就让他们惊讶了，再加上，这些猴子无论雌雄老少，全都聚在一起，舒适地在雪中泡温泉，这样的景象十分有趣。在野猿公苑，不仅能近距离看到这样的景象，还能拍照留念。啊呀，我之前还不知道呢！

对于我们人类来说，没有比一边欣赏雪景一边泡温泉更舒服的事了，但是室外气温是零下，泡在温泉里的时候倒还好，起身可就难了。如果不到室内温泉再泡一泡就会着凉。猴子既没有室内温泉也没有暖气充足的更衣室，它们没问题吗？

是我们多虑了。猴子的体毛含有皮脂，所以不会被浸湿；而且它们的皮肤上并不像人类一样有很多汗腺，所以从温泉出来时不会出汗。这是一种调整体温的诀窍：既不会着凉，毛发也不会被冻住。顺便一提，很遗憾的是，野猿公苑里并没有供人使用的温泉。

角蛋白比聚氨酯了不起

　　东京久违地出现了积雪。道路上和建筑物的阴影里的残雪反着光。我偶尔会到闹市，看着窗外风中飞舞的雪花将一切渐渐染白，将道路覆盖住。接着各个地方就出现停下的汽车。到了这个季节，和那些必须换上防滑轮胎还有鞋子的地方不同，东京没有什么应对下雪的对策，大半的人都不拿下雪当回事。

　　我回去的时候还微微地飘着雪，国会议事堂前的缓坡上停着几辆高级车，里面的乘客已经下了车，车辆顶着雪停在路边连成一条。

这是一个我认识的人（一位美女）所经历的事。

她将一双在柜子里放了几年的雪地靴找出来，没有正确估计形势，就穿着它出门了。可是该怎么说呢，她出去没走多久，绒面革的表面就开始渐渐出现了裂纹，然后表面一块块掉了下来，脚突然感觉到冷，接着就开始进水。她慌忙跑进附近的户外用品商店，买了一双新鞋换上。对于这一突发状况，她的反应可以说是十分迅速，可看着面前那双惨不忍睹的靴子，她还是觉得十分丢脸。

这双旧靴子原本是上一次大雪的时候在量贩店的特卖专柜买的便宜货，看似绒面革的面料其实并不是真皮，而是合成皮革。

绒面革原本是从瑞典来的法语，指的是将小牛和山羊等皮革的内侧用纸或者锉刀等摩擦后，故意做出起绒状态的皮革。

然而，随着科技的进步，我们有了仿制技术，造出的面料就是人造革。那是一种毛毡一样的东西，就是将一种叫聚氨酯的合成树脂，弄到或者涂到无纺布上制造出来的。聚氨酯是一种拥有氨基甲酸酯键的多聚体（polymer），它的性能十分优良，耐拉扯，防油污，耐磨。而且更重要的是，它和天然物质蛋白质的手感十分相似。那是因为构成氨基甲酸酯聚合的化学键和构成蛋白质的氨基酸的肽键的结合方式相似。

动物的皮肤是由一种叫作角蛋白的蛋白质构成的。所以才会使用和蛋白质相似的聚氨酯来合成人造革。

但是，蛋白质和聚氨酯，这两者有一点不一样，那就是水解的难易度。所谓水解，就是化学键在水分子挤进去的时候而产生的断裂。

构成聚氨酯的化学键在化学构造上容易水解。它在受热、受潮、接触盐分、受到紫外线照射等情况下会渐渐分解。所以人造革鞋子的寿命只有几年。

真皮就不会存在这样的问题。一般状态下，蛋白质不容易分解。消化酶让化学键不稳定，如果不遇到酸或者是碱以及高温，它就不会分解。特别是构成皮的角蛋白是难分解的，所以皮革制品经久耐用。还有，埋在地下的动物（或者人）的尸体上，皮肤、指甲、毛发等等也不会轻易消失，那是因为这些都是由角蛋白构成的。皮肤原本就是用来保护动物的身体的。生物果然比非生物了不起。

　　一个朋友发邮件告诉我，他感染了支原体肺炎，咳嗽不止，发烧，十分难受。支原体是个让人害怕的名词，但它也是一种细菌。只不过它非常小，会进入宿主的细胞里，如果感染上，要一段时间才能康复。

　　生物学实验中会用到培养皿内培养出的细胞。人类是多细胞生物，人体由各种各样的细胞构成。如果有研究者想要研究胰脏，他就会将少量胰脏细胞从身体中切除出来（在进行外科手术时，会征求患者的同意），然后放入清洁的皮氏培养皿中。培养皿中有丰富的营养物质和温暖的培养液。接着培养皿会被放到氧气供应充足的柜子里，让温度维持在37℃。

不过，胰脏细胞过不了多久就会死亡。构成多细胞生物身体的细胞，一旦将之与身体隔离，就算环境具备了生存所需要的条件——温度、氧气、营养——它们还是无法继续生存。多细胞生物体内的细胞的存活，恐怕必须要有细胞与细胞之间不断的信息和物质交换。细胞分裂必须要有增殖因子一类的重要信号，将之切断后细胞就不能存活。

但有极少数的细胞在离开身体后还能长时间存活，而且它还能自发地不断进行分裂从而增殖。典型的例子就是癌细胞。癌细胞是一种不理会周围的细胞，随心所欲、为所欲为的细胞。

癌变后的细胞在生物学研究里是极其重要的材料。如果将它分离出身体，放入培养皿中，它会不断分裂增加。这样的细胞一般被叫作细胞株。癌细胞对于身体来说是致命的，但在体外是长生不老的。这就是悖论吧：患者本人早已经死亡，而从他体内取出的细胞至今还存活在世上的研究室里。能够在培养皿中培养细胞，这在研究层面十分便利。这样就能够直接用显微镜观察细胞，还能直接测试药物反应和进行基因导入实验。

所以要成为研究者，首先必须要熟练掌握这种细胞的培养方法，必须要有慎重的操作和缜密的心思。如果换作开车，那就好比停车入库或者侧方停车，让学员操作的话，教练一眼就能看出谁擅长，谁不擅长。不擅长的人容易犯的典型失误就是实验室污染，要么因为器具的消毒不充分，要么指尖不小心碰到了培养皿的边缘，让霉菌和细菌混入了其中，培养液就会浑浊。这样一来所培养的细胞就会死亡，实验就要重做。

就算经验丰富的人也会失败，那就是支原体的污染。支原体会寄生在培养的细胞的内部，无法立刻看出被污染。因为是细胞，所以既不会咳嗽也不会发烧。总要等到细胞的形态和增殖的状态不对劲，实验结果不尽如人意等状态持续很久才会意识到。检测支原体必须要进行检测抗体反应和遗传基因等麻烦的工序，我也为此感到烦恼。从污染的频率来看，支原体应该是随时都漂浮在空气中吧。一不留神就会从不知什么地方入侵细胞，引起污染或者肺炎。

第五章

人类这种令人头疼的生物

　　2012 年 5 月 21 日，日本各地的人们都看到了金环日食。下次金环日食将发生在 300 年后。到那个时候，日本究竟会变成什么样子呢？

　　我早早起来，透过日食眼镜看到了隐藏在薄薄的云中的金环日食。光线形成了一个细环，若隐若现。日食是太阳和月亮处在一条直线上时出现的，这件事情本身会定期发生。也就是说，只要不拘泥于看见日食的地点以及日食的种类，地球上总会存在一个能够频繁地观测日食的地方。只是像这次日本的主要城市都能看到的，而且还是壮观的金环日食，这种事情并不会轻易发生。根据计算，下次在日本能看到的金环日食将发生在 300 年后，2312 年 4 月 8 日早上。

到那个时候，日本会怎样呢。在思考那个问题之前，来想想距今 300 年前的事，那时候是十八世纪初，日本江户时代的中期。那个时代发生了赤穗事件（1702 年），《曾根崎心中》被著成（1703 年），新井白石[1] 发动改革（1709 年），德川吉宗成为八代将军（1716 年）。人们还在烧柴和木炭做饭、取暖，用油灯照明。那时人口大约 3000 万。

那么，300 年后呢？作为能源的化石燃料毫无疑问会枯竭，铀也会枯竭，所以人类必然会转为使用自然能源。可是，作为一个生物学家，我很在意日本的人口动态。厚生劳动省发表的平成 23 年（2011 年）人口动态统计显示，当年出生人口为 105 万 806 人，比前一年（2010 年）少了大约 2 万人，降到了"二

---

1. 新井白石（1657—1725）：日本江户时代政治家、诗人、儒学学者。

战"后最低。

第一次婴儿潮（1945 年—1947 年）的新生人口数为 270 万。第二次婴儿潮（1971 年—1974 年）也超过了 200 万，少子化确实是一个趋势。同年代的竞争对手少了可能是件好事，但如果这个倾向一直持续会怎样呢？我进行了试算。

这种计算方法中用到的数值里含有合计特殊出生率，将 15 岁到 49 岁的女性设定为能够生育，分别求不同年龄的女性的生育率，然后进行加和。这样计算，就能在不受人口结构的影响下，得出一名女性一生产下的孩子的数量的平均值。

平成 23 年（2011 年）厚生劳动省的统计数据中，这个数值为 1.39。平成 17 年（2005 年）一时间降到了 1.26，最近又回到了这个数值（这可能是第二代婴儿潮的人集中生育造成的。实际上，30 到 50 岁的人群的生育率正在上升）。而且这个值还有地域差异，冲绳和九州高，东京低。平均下来就是 1.39，但生孩子的是一对男女（2 个人）构成一户，所以比例会缩小为 70％（1.39 ÷ 2 = 0.7）。

300 年间会进行 10 代人的更迭，如果总特殊出生率继续维持这个数值的话，粗略一估算，日本的人口到了 2050 年会降到 1 亿以下，2200 年之后会变成与江户时代相同的水平。接着到了 2312 年会降到 1000 万人以下，是现在的十分之一，而且还将是超高龄社会。无论是国土还是基础设施都不得不改模换样。只有在少数城市地区，人们才会互相帮扶吧。只有金环日食会如计算那样按时发生。到那个时候，我不能想象人们究竟会以怎样的心情仰望天空。

肝脏在饮酒后想要「收场」

喝过酒后肯定会想吃味道很浓的拉面。已经酒足饭饱了，为什么还想吃呢？

酒精会作用在神经细胞上，减小神经系统的抑制作用，这就会让人产生舒服的解放感，也就是"醉意"。但是，过量的酒精对身体来说当然是有害物质，所以身体就会想办法解毒。进行这项工作的就是肝脏。解毒作用在化学上来说就是氧化反应，酒精第一步要被氧化为一种叫乙醛的物质。

乙醛再进一步被氧化为醋酸。这个乙醛就是导致宿醉的物质，有的人能很快地将乙醛代谢为醋酸，有的人则不能。基因造成了代谢酶处理能力的强弱不同，这个差值就表现为酒量好和酒量差两种人。从父母那里遗传到"强·强"的人千杯不倒；遗传到"强·弱"的人酒量一般；遗传到"弱·弱"的人喝不了几杯（十个日本人里有一个这样的）。通过基因诊断能判别人们对于酒量的类型。

醋酸和醋一样，都是酸性物质，很快会和辅酶（CoA）这种物质相结合，变成乙酰辅酶 A。这个变化过程必须消耗能量，能量来自血液中的葡萄糖（血糖）代谢。也就是说，酒精的解毒一定伴随着葡萄糖的消耗。若酒精不断地进入身体，肝脏就会努力进行解毒，其结果就会引起暂时的血糖值低下，这就会带来空腹感，喝酒喝到最后肚子就会想要"收场"的碳水化合物。其中的原理就是这样的。

但是，一边喝酒一边会吃很多下酒菜，而且酒精本身也含有很多热量。解毒产生的乙酰辅酶 A 是合成脂肪的重要原料，所谓的啤酒肚就是由乙酰辅酶 A 造成的。

所以喝酒之后的空腹感是假的，在其影响下摄入碳水化合物十分容易导致发胖。

不过为什么想吃的是拉面呢？茶泡饭和烤饭团也能充饥啊。为什么会被回家路上的拉面店的味道所吸引……这是为什么呢？首先，你执意想吃东西，这可以用离子平衡来解释。啤酒和白酒中含有大量的钾离子，身体中的钾离子和钠离子会保持高度的一致性，神经细胞间电子信号的传导要依靠钾离子和钠离子的平衡来进行。多余的离子顺着尿液被排泄出去的时候，肾脏也会将钾离子和钠离子配成一对。如果大量摄入钾离子，身体就会想要钠离子，你就会想吃盐分浓度高的食物，那就是拉面。但这不是因为盐分（钠离子）不足，而是由饮酒引起的假的欲求。过量摄入盐分会给肾脏造成负担，是诱发高血压的导火索。

在这层意义上，酒会欺骗我们的身体和心理。话虽如此，想被骗的还是我们人类。我是酒量一般的人，写稿子的时候还是会想喝上一小杯。

去看看丰富多彩
的两界相交处吧

以错觉画闻名的莫里茨·科内利斯·埃舍尔[1]创作了一副名为《三个世界》的作品。画上面是一片森林和一个宽阔的湖泊；仔细观察的话，会发现水中有一条巨大的鱼在缓缓游动；若将视线集中到水面上，就会看到倒映在上面的森林里婆娑的树木。所以这幅画同时描绘了陆地、水中，还有这两者交错的境界，一共三个世界。

1. 莫里茨·科内利斯·埃舍尔（1898—1972）：荷兰版画家。

三个不同的世界交融，而且你中有我、我中有你，这种地方被叫作"界面"（edge）。界面中两个世界相互融合，其结果就是在两者中间的动态环境里形成了一个独特的生态系统，那里会发生新的变化，那就叫作"界面作用"。

　　想想大海和陆地的分界，那些地方会出现浅滩和泥滩。那里有充足的氧气和有机物，会生成大量的浮游生物，而浮游生物养育着小鱼、贝类，它们又会引来以它们为食的鸟类。而在大海和陆地的自然界面填上护岸和混凝土块，这种行为会损害界面作用。

　　界面也存在于海水和淡水交界的地方，那个生物十分丰富的生态系统被叫作"汽水域"。前不久我到多摩川下游散步，走到了国道 1 号多摩川大桥那边入海口附近的汽水域。在涨潮的时候，这里的水流方向是逆流。继续顺着河滩往下走，就有很多成群飞舞的燕子，等到太阳西沉的，制空权又到了另一群生物手中。

　　燕子会从低空掠过，划出一条流畅的弧，可这些生物完全就像操纵着反重力装置的 UFO，自如地进行着不规则的高速飞行，那就是蝙蝠。它们发出超声波，一边接收反射一边进行着技术精湛的声呐导航飞行，燕子和蝙蝠都是为了捕食汽水域水边涌现出的小虫而在这一带来回飞行。之前我还不知道它们严格遵守着时间进行交班。

日落一般被叫作"相交之时"（译者注：原文为まずめどき，指的是日出和日落前后一小时的时间段），也是因为这个时候汽水域的生物活动十分热闹。我单手拿着光源靠近水边，满目都是令人惊奇的光景。用来抵挡海浪的混凝土块表面爬满了无数小螃蟹，它们窸窸窣窣地爬来爬去。再看水里，那里有缓慢移动的生物，那是大只的长臂虾，全长约 15 厘米，仔细观察的话，会发现到处都是它们的身影。海水啪啪地拍打着岸边，在灯光的照射下能看到鱼肚子的反光，那是小鱼在跳跃，那应该是鲻鱼的幼鱼。不管哪种生物都是为了觅食而来到此地。

没有必要到亚马逊或者非洲那样的地方去接触生物，可以在城市里观察平凡的界面小自然。那样的地方也有丰富多样的生态系统，也能让我们成为厉害的自然学家。我突然想起一件事，收回凝视着水中的视线，望向太阳西沉的远处的水面。风吹起波浪，周围高层公寓的灯光被打散并消融在其中——陆地和水的界面，这里确实也有三个世界。

可怜的水獭

2010 年 8 月，环境省发表了濒临灭绝的野生动物《第 4 次红色名录》，日本水獭被列为了灭绝物种。

所谓灭绝，就是一种生物从地球上完全消失。不过在野生环境下，要确认某种生物的个体死亡是困难的。就像腔棘鱼那样，曾经一度被认为已经灭绝的生物，后来又被发现还静悄悄地生存在某个特定的地域，这样的案例也是存在的。也有人相信日本水獭依然有存活的个体而继续进行着调查。所以这次的结果发表，让相关人士感到十分丧气和绝望。

环境省和 IUCN（国际自然保护联合会）是这么认定珍稀野生动物的：要确认某种生物在野生环境中是否已经灭绝，如果是还能确认到目击情报和生存痕迹的物种，就要"经过几次具有可信度的调查，无法确认存活"；对于生存在深海或者极地，难以获得生存信息的地方的物种，条件必须是"过去约 50 年，没有获得具有可信度的生存情报"。

日本确认到的水獭存活情报是在 1979 年 6 月，拍摄到的最后一张照片是在高知县须崎市的新荘川。那个时候，水獭还在很多凑热闹的看客面前悠闲地游泳。水獭是"难以获得情报"的物种，1979 年的 33 年后就被认定为灭绝物种，这有些太快了，但是从这条目击情报来看我们也能知道，水獭生活在距离人类生活圈比较近的河川和海岸，之前也用了自动监视摄像头等各种各样的方法来确认它们的存活，均未发现存活的个体。

水獭是生存领地很广的动物，为了能让雄性和雌性在发情期能相遇，它们需要维持一定密度的个体数量。它们的寿命最多也就十年左右，在没有目击情报和生存痕迹的十年过后，水獭在 1990 年代就被认为已经灭绝了。

水獭是海獭的近亲，在生物分类上和白鼬、鼬鼠、美洲水貂的关系较近。它曾经生存在日本各地，是生活在日本人身边的动物。它在绳文时期被人们捕食，之后又因人们稀罕它的毛皮而被捕猎。它作为欺骗人类的存在出现在民间故事中，是河童的原型。

汉字写作"獭"。水獭会将捕到的鱼成排摆放在石头上，像是给祖先献上供品，所以才有了"獭祭"这个风雅的词。芭蕉[1] 曾写俳句："快来水獭节，地在濑田最深处，回首有人妒。"

日本的水獭为什么会灭绝？关键原因就在于为了得到它们皮毛的滥捕，导致它们的数量锐减，虽然在 1928 年已经下令禁止捕猎，但偷猎还是屡禁不止。尽管水獭在 1965 年被定为了天然纪念物，但是高度成长

---

1. 松尾芭蕉（1644—1694）：江户时代俳句家，一般称芭蕉。

期的围海造田、护岸工程、堤防建设（许多水獭生活在海边的汽水域）造成的生态系统的破坏，农业和工业废水等造成的环境污染，作为食物的鱼虾的减少更是加剧了其数量减少。人类造成的每一个原因都将水獭逼上绝路。

獭祭的意思最后成为：在写诗文的时候，大量的书和纸散落在书桌周围的样子，因此正冈子规[1]将自己的居所称为"獭祭书屋"，子规的忌日——9月19日被称作"獭祭忌"。

山口县铭酒还有"獭祭"。今晚为可怜的水獭敬一杯酒吧。

参考文献：《日本水獭》

（安藤元一著，东京大学出版社）

---

1. 正冈子规（1867—1902）：明治时代著名诗人、俳人、散文家。

羊是被人类创造出来的

前段时间，我久违地走在某个车站的商业街。说起来，我想着在这里会有成吉思汗烤肉店，能吃到美味的羔羊肉，所以就试着四下寻找，但没有找到。那里有的只是随处可见的居酒屋连锁店。这里的店看来和从前不一样了，距今五六年前，到处都有成吉思汗烤肉店，那在当时是一股热潮吧。

名称虽然叫"成吉思汗烤肉"，却是日本独创的料理。羊作为家畜最早在1860年来到日本，当时是国家为了能自己生产军队和警察衣服的材料而引进的。羊毛产业在大正时期（1912 年—1926 年）高速发展，随之而来的是被剃掉毛的老羊变为食物，有人想出了重新用调味汁腌制入味的食用方法。为什么那要被叫作成吉思汗烤肉呢？关于这个问题有很多种说法。羊会让人联想起蒙古，这一点没有问题，但是蒙古料理中并没有这种羊肉的烹调方法。

羊肉包括出生不满一年的羔羊，不满两年的一岁羊，还有两年以上的普通羊肉。成吉思汗烤肉里一开始使用的是普通羊肉。昭和初期，东京开了专营店，但这道北海道的乡土料理广为人知是在二战之后。

文章一开始我想吃的成吉思汗烤肉，是将柔软的生肉微微烤制后，再蘸上清爽的酱汁。这种吃法是经过各种发展之后的成吉思汗烤肉中的一种，之所以成为一股热潮，是因为人们接受其中的健康因素吧。

羊对人类来说，其实是无法替代的、有价值的家畜。现在世界上大约饲养有 11 亿头羊，因为羊饲养起来十分方便。它能够满足人类衣食住的所有需要：羊毛是为毛织物的原料，皮是制作帐篷的材料，而肉、奶、油脂都是宝。

而且最重要的是，它们易于饲养。

羊的祖先是一种叫摩弗伦羊的野生动物。它们住在岩山上，能在倾斜的地面上轻盈地上下移动，动作敏捷。距今 8000 年左右，人类就盯上了摩弗伦羊，因为它们的毛十分暖和，手感柔软。摩弗伦羊身上虽然覆盖着一种叫坎泊毛的硬毛，但内侧却是柔软而细的毛。这就是羊毛。人类驯养摩弗伦羊，将它们变为家畜，创造出了现在的羊。和摩弗伦羊相比，它们更加矮胖，躯干也更长。相应地，生长羊毛的面积增加了。美丽诺绵羊和考力代羊几乎没有坎泊毛。

请看"群"这个字，里面有一个"羊"字。摩弗伦羊总是成群行动，警戒周围，敌人来袭时它们会聚成一团，将损害降到最低。这种习性正好适合被驯养为家畜。虽说是聚成一群，羊群中却没有顺位和阶层，是民主又平等的关系。反过来说，羊群都会照着周围个体的行动而行动，如果有一头往右边走，其他个体都会跟着它往右边；如果它往左拐，全体也会跟着左拐。人类充分地利用了这一习性，学会了掌控大群体。只要用极少的牧羊人和牧羊犬，就能养几百头羊。

今晚我想约上美女，出去吃美味的成吉思汗烤肉。

长寿因子是长生不老的基因吗

现在有很多逆龄生长的书和冻龄女热潮的报道，里面说到的就是被叫作长寿因子的基因。据说，如果激活了长寿因子，就能抗老长寿。这是真的吗？我觉得应该冷静一点来探讨一下事情的来龙去脉。

长寿因子会关系到寿命，这一结果是十几年前由美国马萨诸塞州理工大学的莱昂纳多·格兰特（译者注：Leonard Galante）的研究小组发表的，这引起了很多讨论。他们的实验对象是酵母菌，酵母菌是单细胞微生物，单细胞微生物通过细胞分裂进行增殖。对单细胞微生物来说，寿命到底是什么？实验中使用的酵母菌通过出芽进行增殖，所谓出芽，即细胞的一部分膨大后再分离的一种分裂方式。原本的细胞是母细胞，出芽生成的细胞叫子细胞。母细胞会进行多次出芽，生成子细胞。反复出芽，会使得母细胞生产子细胞的频率逐渐下降。一般情况下，母细胞进行 20 次出芽后就不能再生成子细胞，这就是酵母菌的寿命。每次出芽的时候，母细胞的细胞壁上会留下痘痕一样的出芽痕迹，就像随着年龄增长会生出皱纹一样。不过，酵母菌的寿命和人的寿命之间有一个非常不同的现象，我们先不说这个。

格兰特团队通过操纵基因，制作出了长寿因子的基因更加活跃的酵母菌，他们观察到其寿命（也就是出芽次数）增加了。而且，他们还发现长寿因子是组蛋白的脱乙酰化酶。长寿因子基因不仅存在于酵母菌里，还存在于比它高等的生物中，人类细胞里也有。组蛋白是和 DNA 结合、与 DNA 开关的开启和关闭相关的蛋白质。遗传层面的调节和寿命有关的可能性提高了。

格兰特团队不仅研究了凭借分裂进行增殖的单细胞生物，还对多细胞生物中的长寿因子进行了研究。在多细胞生物的实验中，他们将线虫（体长数毫米，与尖尾科相似的透明生物，不寄生在人体内，很容易就能在实验室饲养，所以经常被用在实验中）和果蝇作为实验对象，将它们的长寿因子基因进行增强（像这样的基因操作，在这些实验生物身上更容易做到），结果显示它们的寿命延长了。线虫和果蝇个体的生与死——也就是寿命——是可以度量的。

为了能应用到人类身上，就必须要让长寿因子以自然的形式被激活，而不是通过基因操作。研究人员在红酒中找到了白藜芦醇，这是一种能激活长寿因子的食品成分，作为一种新的营养补充剂，它可能拥有巨大的市场。哈佛大学医学院的辛克莱[1]博士（格兰特的门生）早早就成立了一家叫 Sirtris 的新兴公司开

---

1. 大卫·辛克莱（1969—）：澳大利亚生物学家、遗传学教授。

始追逐利益。

另一方面，从很久以前开始，在用白鼠做实验时科学家就发现，控制热量和延长寿命之间具有关系，但是没有解释清其中的作用原理。这时候又扯到了长寿因子。有人提出了一种假说：控制摄入热量能激活长寿因子基因，这样就能长寿。就这样，围绕长寿因子的癫狂（高收益投资）愈演愈烈。

但是高收益投资还是和以往一样并没有持续很久，长寿因子神话开始一步步的瓦解，欲知后事如何，请听下回分解。

长寿因子狂骚曲的终焉

　　长寿因子作为控制寿命的基因粉墨登场。研究人员以酵母、线虫、果蝇等为研究对象，将长寿因子激活，结果发现它们的寿命都延长了。更引人注目的是，在研究长寿因子时，研究人员发现或许可以对控制热量和延长寿命之间的关系进行解释。我们都听说过：吃饭八分饱，不用把医找。早就有实验证明，减少老鼠摄取的热量能延长它们的寿命，但其中的原理却是个迷。据说那其实是因为那么做激活了长寿因子。研究人员在红酒中找到了白藜芦醇，红酒就被作为能激活长寿因子的保健食品，以能让人长寿而被大肆宣传。

围绕长寿因子的狂骚曲（高收益投资）一事，我想还是冷静下来研究下其中原委吧。

"骄纵者必不长久"，人如此，学说也是如此。控制热量摄入以延长寿命，这和长寿因子没有关系，这个质疑是在2007年开始出现的。它出现的地方也是同样使用酵母的实验。顺便一提，通过操纵老鼠的基因来激活长寿因子的实验，结果显示，这不一定会延长寿命。2011年9月，英国科学杂志《自然》上刊登了一项详尽的实验结果，当中说到，激活长寿因子，对线虫和果蝇的寿命延长没有效果。

对于之前的实验中看上去像是被延长了的寿命，文章直接予以了否定。作者指出，作为实验对象生物而使用的线虫和果蝇出现了长寿因子以外的变异，以及实验存在不严谨之处，这让数据产生了混乱。再加上，白藜芦醇能激活长寿因子这一实验成果，也存在基础的实验错误。

这一切都是最近几年发生的。长寿因子神话被蒙上了阴影，渐渐开始褪色。

归根究底，"寿命"这种非常宏观的事物，却被小小的一个基因所控制，这个想法本身就很天真。不能太小看生命现象。到了这一步，却出现了一个大家不乐意看到的实验数据。先不管长寿因子的狂骚曲如何，限制热量摄入的确可以延长寿命，这一点是可以肯定的。研究者相信这种说法，而且也有数据支持，但那仅仅局限于像老鼠那样寿命很短的生物（老鼠的寿命大约2年）。美国国立卫生研究院衰老研究所用猕猴进行了锲而不舍的研究，并于最近发表了研究成果。

他们将121只猴子分为两组，一组的投喂不让它们发胖数量的食物，另一组摄入的热量减少三成以进行节食（不发胖，也不会营养不足），目的是在二十年间调查它们的死亡率是否会不同（研究者的寿命似乎会先用尽）。其结果是，性别和开始节食的年龄并没有让死亡率产生差异。生产能量必须要热量，代谢会生成活性氧自由基。通过限制热量摄入而减轻氧化压力，这样就能让人长寿。但是，这在像老鼠那样代谢率高的生物中适用，在猴子身上却不适用。实验对象中，和人类相近的当然是猴子。通往长寿的道路十分复杂。我觉得不应该为了瘦而过于压抑自己。

尼安德特人和智人的人种问题

日本的历史上，延续时间最长的是哪个时代？江户时代？错了。绳文时代？这想法不错啊。绳文时代至少延续了一万年。但是，延续时间最长的应该是存在于绳文时代之前的旧石器时代。

日本的旧石器时代究竟是什么时候开始的，这还是一个谜。有段时间大家都倾向于认为是 50 万年前，但是旧石器伪造事件（某考古学家事前将石器埋在发掘现场，2000 年被曝光）的原因，大家的观点又变得不统一了。现在普遍的观点是：在绳文时代开始前

（距今大约 1.65 万年前），旧石器时代就在日本延续了十数万年之久。

旧石器时代中期，距今大约 20 万年前，欧洲、西亚、中亚的很多地方都生活着尼安德特人，他们可能也来到了日本列岛。他们有将石头削成锋利的斧头和小刀的精湛技术，还会用火。他们会吊唁死者，在墓上献花，被认为拥有高度的知性和文化。调查化石后发现，尼安德特人和现代人类有着十分相似之处，他们体格结实，中等身材，头盖骨较大，大脑十分发达。如果尼安德特人穿上和我们一样的衣服走在街上，只会让人觉得这人长得有特点，并不会有什么特别不和谐的之处。

学者们将尼安德特人视为存在于人类前一阶段的祖先——旧人[1]，即现在的人类是从尼安德特人进化而来的。不过最近，这一人类学的"常识"被严重颠覆了。几位德国的年轻研究者使得调查尼安德特人的呼

---

1. 在人类学上，一般将生活在旧石器时代的原始人分为猿人、原人、旧人、新人四个发展阶段。

声再次高涨。

　　刚好在这时，DNA 技术得到发展，就算样本历经很长时间，也可能将极少量的 DNA 增强，再进行解析。埃及木乃伊的 DNA 被解析出来后，人们绘制出了王室的谱系图。研究人员想将这项技术应用于尼安德特人身上。此计划没有成功的把握，并且必须在博物馆秘藏的化石上打孔以获取样本，所以受到了不小的抵触。

　　日本则发生过削下一部分金印进行元素分析而挑起争论，或者是发掘箸墓古坟从而走近邪马台国的真相的事件。梦想虽大，但失败了就只能以损坏文化遗产而告终。然而，科学家的热情还是开辟出了一条路。DNA 的分析结果十分惊人。尼安德特人和现代人类的 DNA 不同，两者是平行进化的两个不同种类。

　　如果尼安德特人现在还存在于世界各地，和我们拥有相似的文化和文明，那么我们就算和他们或者她们发生性行为，也无法生出后代。差别和摩擦到底是以什么样的形式产生的？尼安德特人和现代人类之间存在的可能才是真正的人种问题。在这个问题面前，我们现在当作问题对待的"人种问题"简直不值一提。生物学上，智人是一个种类，DNA分析无法看出黄种人和白种人的不同。相同种类的个体才能交配，交配就是将DNA不断混合。

然而不可思议的是，在旧石器时代结束的时候，尼安德特人突然销声匿迹了。世界变得更单纯，而本是同根生的我们反而想要找出差异。

「生下小体格婴儿，养成大体格孩子」是错误观念

生下小体格婴儿，养成大体格孩子。很多人被灌输了这种理想的观念。"被灌输了"——这里我故意用了过去式是有原因的。这种观念得到了大幅度的纠正。

厚生劳动省的人口动态统计显示，出生时体重不足 2500 克的婴儿（低出生体重儿）的比重与 1975 年相比有逐渐增加的倾向，现在大约是 1975 年的 2 倍，达到了 9.6％。10 个人中就有一个是低出生体重儿，每年有 100 万新生儿的话，低出生体重儿就有 10 万名。这背后有早产和生殖辅助医疗的影响等原因，虽

然考虑到了各种各样的原因，但其实这可能是故意的，也就是有的孕妇希望自己苗条，或者说希望自己在生产后很快恢复苗条的身材，从而进行节食。

但是，母亲的节食可能会对胎儿的将来不利。

有一种 DOHaD（音译"都哈"）的假说，其全称是 Developmental Origins of Health and Disease——健康与疾病的发育起源，即胎儿时期营养不足，会成为成年后产生疾病的原因。这是英国的大卫·巴克[1]博士基于常年的流行病学调查提出来的。

流行病学是一门通过对大量的统计数据进行解析，来找出健康和疾病因素的学问。巴克博士注意到，英国 1921 年到 1925 年新生儿死亡率高的地域，与当地 1969 年到 1978 年心血管病导致的高死亡率之间有所关联。他分析原因后，提出了这样一个假说：出生时体重过低是诱发心血管疾患的风险因素，这就是 DOHaD 假说。

---

1. 大卫·巴克（1938—2013）：英国顾问医师、流行病学家，DOHaD 理论创始人。

流行病学的不足就是，就算找出了关联，也不能仅凭数据证明其中的因果关系。也就是说，观察到了A这个现象和B这个现象有关系，可是不能断定B的原因就是A。为了证明这一点就得进行实验，但如果A和B是间隔很长时间发生的事件的话，就没那么容易证明了。而且，在拥有很长寿命的人类身上发生的现象，不能用寿命很短的老鼠来重现。

尽管如此，DOHaD假说还是渐渐为人们所接受。因为我们发现了出生时的低体重和成人后出现的病症——糖尿病和脂肪代谢异常、脑梗塞之间的关系。

那是怎样的因果关系呢？

胎儿时期营养不足的话，婴儿的身体就预估到在出生后会处于饥饿状态，为此要进行各种各样的准备。身体不会浪费一丁点儿营养，一旦得到营养就节约使用，如果能量有少量剩余就马上储存起来。

这样的准备被认为是基因开关的开启和关闭时机，或者说是通过调整量级而进行的设定。重要的是，这样的设定在胎儿期这一重要时期就已经定下来了，一旦固定，就不再改变。被设定的不是基因本身，而是基因的运作方式，这种方法被称为表现遗传，最近受到了关注。DOHaD就是一个明显的例子。出生前的身体就被设定为"俭约和节约"，出生后等待这个孩子的却是饭饱酒足和垃圾食品，身体面对的是高脂肪和高糖分，这些物质还会被储存起来。车子突然刹不住了，这正符合生命现象。

羡慕绳文人的慢节奏生活

截止日、完工、交货……我们总是被这些事情所束缚而奔波忙碌。我为了在截稿日前将原稿写完而长吁短叹。编辑部一连几天都在催促"还没写好吗""请快点完成",我觉得为了让各位读者一睹为快,应该努力一把。

不过,我最近知道了一件事,那就是:正是因为没有完成才有意义。这种文化曾经存在于日本,让我很惊讶。

事情发生在绳文时代。在栃木县的寺野东遗迹发现了一个直径 165 米，高 50 米的巨大环状地基，其构造应该是某种纪念建筑物。对内部进行调查后发现，它就像年轮蛋糕一样，由很多层土堆积而成。在隔层中出土了相应时代的土器，据此推断，建造这个建筑物花费了大约 1000 年。

青森县的三内丸山遗迹的地基建筑物用的时间要更久，工程居然持续了长达 1500 年的时间。绳文人一连几代人都不断地在它上面花功夫，不断继续修建。也就是说，比起关心在什么时候会建成什么东西，他们更重视像接力一样参加建造某样东西。

考古学家小林达雄[1] 称："其目的并不在于完成纪念物的修建，而让未完成的状态持续下去才有意义。倒不如说他们在避免完工，不断推迟未完成的状态，这当中蕴含着绳文哲学的真谛。"（《绳文的思考》）

这样的哲学，也孕育出"活在当下"的思想。现在的日本人，或者说是"近代"本身已经丢掉了这种

---

1. 小林达雄（1937—）：日本考古学家，日本国学院大学名誉教授，新潟县立历史博物馆名誉馆长。

思想，不是吗？反正我是这么认为的。如果没有截止日和交货日，我们的工作就不能顺利进行，这也是事实；因为有了截稿日期和交货日期，效率就被排到了最优先。所谓效率，就是将工作或者获得的成果除以时间的值。比较月收入和年收入也是一样的方式，都是以每小时、每天、每年的数值来表现。也就是说，我们完全被支配于"只能在短时间段内能看到事物"的思考回路之下。

但是，在时间不断流逝的绳文时代——绳文时代延续了一万数千年——"活在当下"的思想，延续着过去的人，也联系着未来的人，只要有这样的真实感受，那么人生就是充实的。意义不在完成或者成果，而在于过程本身。

当时的人们通过狩猎和采集来获得生活所需的食物，不像现在的我们一样长时间献身于工作。我们无法得知绳文时期的住民正确的劳动时间，但是，根据现在对狩猎采集文化的人类学调查，依靠一天2至3小时的劳动，集体就能让社会生活运转起来。剩下的时间，他们是怎么度过的？赏花、观星、唱歌、吹风，或者是享受和孩子玩耍的乐趣，他们应该过着那样的生活吧。

我们的社会伴随着时代，迅速实现了进化和发展，过上了幸福而丰富多彩的生活——这些可能都是一种幻想。

蜜蜂大量失踪所诉说的信息

　　某一天，蜂巢里的蜜蜂消失了。这个谜一样的异常现象在接近 2010 年时出现在了全世界。如果工蜂放弃了自己的工作，那么女王蜂的产卵、育儿、蜂巢的维护等一切的工作运行就会完全瘫痪，蜂群会崩溃消失。

　　这一奇妙的现象被叫作蜂群崩溃失调症（CCD），引发它的原因多种多样，如病毒那样的病原体、蜱螨之类的寄生虫、压力或者环境变化等。我很关心这个问题，于是看了《没有果实的秋天》[1] 这本书。

现在，蜜蜂不仅是蜂蜜的来源，更重要的是作为水果蔬菜等农作物授粉的手段，在世界被广泛使用。蜜蜂被当成了一种农用工具。

被驯养且均一化到极点的蜜蜂，丧失了种群内的多样性，其结果就是，某个因素可能会成为导火索，打乱生物的动态平衡。但在当时，并没有决定性的证据能确定这个因素具体是什么。

这本好书的原名为《Fruitless Fall》，照应了蕾切尔·卡逊[2]《寂静的春天》（Silent Spring）的书名。半世纪前，卡逊就发出警告：被大量使用的杀虫剂 DDT 会借由食物链传导给鸟类，并极大地扰乱生态系统的动态平衡。

巧的是，相同的事情再次发生了。这次成为问题的并不是 DDT，而是烟碱类杀虫剂。人类通过改变香烟中所含的神经毒素尼古丁的构造，开发出了一种对

1. 美国记者兼作家罗文·雅各布森（Rowan Jacobsen）著于 2008 年。
2. 蕾切尔·卡逊（1907—1964）：美国海洋生物学家。

害虫十分有效，但对人几乎没有伤害的物质，少量使用就有效果，这种效果还是持续性的。这能减少农药的使用，所以备受欢迎。作为划时代的新农药，1990年代后半叶，它被广泛地用于日本的水田里。

这和DDT引发问题的方式是一样的：少量使用就能产生作用，其效果还有持续性，这自然就会残存在环境中，造成中长期的影响，

2012年3月，科学杂志《科学》电子版刊载了两篇引人关注的论文。蜜蜂被施予烟碱类杀虫剂后，虽然量不致死，但它们的神经还是受到了损害，产生了归巢能力障碍、蜂王数量减少之类的问题。

在日本，蜜蜂会在夏天采蜜，更重要的是它们会采集水稻的花粉为食。这时，它们会摄入烟碱类杀虫剂。养蜂人注意到了这其中的关联。水田附近的蜂巢经常发生蜜蜂走失的情况。法国很早就开始担忧烟碱类杀虫剂的危险性，并做出了禁止使用的决定，与之相比，日本行政的应对真是迟钝得惊人。

《新农药烟碱类杀虫剂威胁着日本》的作者水野玲子[1]指出，这是企业、政府、农场还有本应对食品问题很敏感的消费合作社共同参加，并一手炮制的"农药村"所产生的"另一个安全神话"。该书也提及对人类而言所存在的潜在危险：就算单独使用是无害的，但该类杀虫剂会和其他的化合物产生复合作用。

虽然蜜蜂消失事件中还有无法解释的部分，但是问题不仅存在于蜜蜂身上。自然的动态平衡是环环相扣的，出现在蜜蜂这一环上的问题，经过一定时间后就会扩散到全体。这就是动态平衡的必然结果，完全在预料之内。同时这也是卡逊的遗言。

---

1. 水野玲子：NPO法人"二恶英·环境荷尔蒙对策国民会议"理事，致力于化学物质对下一代影响的研究和调查。

后 记

　　本书是将我连载在周刊《AREA》生物学专栏"杜利特医生的忧郁"的文章总结以后重新编辑而成的。在这层意义上，这是先前出版的《基因爱着不成器的你》的续篇。

　　杜利特医生是休·洛夫廷创作的系列作品中的博物学家。故事发生在19世纪前半叶，微胖而有些无厘头的英国绅士杜利特，在和自然亲近的过程中发现自己拥有能和动物交流的奇妙能力，于是利用这一能力和它们对话。他一面帮助受伤或者生病的动物，一面在世界各地旅行，甚至去过月亮。杜利特医生并没有企图凭借自己的发现而收获荣誉或是赚取金钱，他只是倾听动物的话语，希望借此了解丰富多彩的世界。

所以，要是杜利特医生生在现代的话，他肯定会对我们的存在方式和思考方式哀叹不已："啊，怎么会如此！人类并不是那么了不起的生物。肤浅地想要掌控生命，那么做到头来只会害人又害己！"

没错。人类自认站在了进化的顶点而自鸣得意，事实却并非如此。生命存在了 38 亿年，与之相比，人类才刚刚出现没多久。几乎所有生物都是人类的老前辈，它们也还在经历进化的考验，现在正站在各自的顶点。经历的时间越长，完成度越高，人类才是尚不成熟的一方。对于人类想要付诸的行动，其他生物又会怎样逆袭，我就这一点进行了深入的研究。虽说是"逆袭"，但并不是攻击或者复仇，那是对教训的吸取和对未来的展望，那是宽容。我们必须像杜利特医生那样，聆听生物的话语，对它们表现出尊重。

图书在版编目（CIP）数据

生命的逆袭：生物学家眼中的生命奥秘/（日）福冈伸一著；
袁斌，涂佩译. —上海：上海三联书店，2022.3
　　ISBN 978－7－5426－7676－4

　　Ⅰ.①生…　Ⅱ.①福…②袁…③涂…　Ⅲ.①生命科学－通
俗读物　Ⅳ.①Q1－0

中国版本图书馆 CIP 数据核字（2022）第 024453 号

生命的逆袭——生物学家眼中的生命奥秘

著　　者／［日］福冈伸一
译　　者／袁　斌　涂　佩
责任编辑／张静乔
装帧设计／人马艺术设计·储平
监　　制／姚　军
责任校对／王凌霄
出版发行／上海三联书店
　　　　　（200030）中国上海市漕溪北路 331 号 A 座 6 楼
邮购电话／021－22895540
印　　刷／上海展强印刷有限公司
版　　次／2022 年 3 月第 1 版
印　　次／2022 年 3 月第 1 次印刷
开　　本／787mm×1092mm　1/32
字　　数／100 千字
印　　张／7.75
书　　号／ISBN 978－7－5426－7676－4/Q·3
定　　价／48.00 元

敬启读者，如发现本书有印装质量问题，请与印刷厂联系 021－66366565